The Complete Photo Guide to

PERFECT FITTING

U0394430

图书在版编目（CIP）数据

服装这样做才合体：服装合体版型纸样修正 /（美）
莎拉·维布伦著；周捷，王燕珍译. —— 上海：东华大
学出版社，2021.1

书名原文：The Complete Photo Guide to PERFECT
FITTING

ISBN 978-7-5669-1825-3

Ⅰ.①服… Ⅱ.①莎… ②周… ③王… Ⅲ.①服装设
计－纸样设计 Ⅳ.①TS941.2

中国版本图书馆CIP数据核字(2020)第225555号

责任编辑：谢 未

装帧设计：赵 燕

服装这样做才合体
——服装合体版型纸样修正

The Complete Photo Guide to PERFECT FITTING

编　　著：（美）莎拉·维布伦
译　　者：周 捷　王燕珍
出　　版：东华大学出版社
　　　　　（上海市延安西路1882号　邮政编码：200051）
出版社网址：dhupress.dhu.edu.cn
天猫旗舰店：http://dhdx.tmall.com
营销中心：021-62193056　62373056　62379558
印　　刷：上海利丰雅高印刷有限公司
开　　本：889 mm×1194 mm　1/16
印　　张：14
字　　数：493千字
版　　次：2021年1月第1版
印　　次：2021年1月第1次印刷
书　　号：ISBN 978-7-5669-1825-3
定　　价：88.00元

服装这样做才合体
——服装合体版型纸样修正

[美]莎拉·维布伦 著

周 捷　王燕珍 译

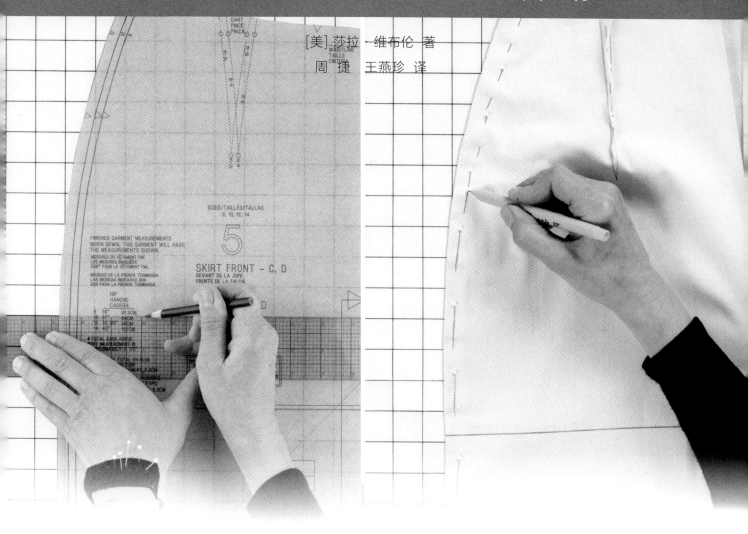

东华大学出版社·上海

目录

前言	**6**
奠定基础	**8**
开发一种可靠的试衣方法	**9**
为什么试衣过程很复杂	9
每个人都是独一无二的	9
纸样与试衣的基础知识	**10**
如何制版	10
寻找合适的方式去制作纸样	10
服装廓型与放松量	12
选择纸样尺码	14
制版和试衣的工具	18
纸样和试衣的关系	20
试衣过程概述	20
识别试衣中的问题	21
试衣的对标线	**24**
试衣轴线	24
水平对标线	25
试衣的基本知识	**28**
学会看	28
人体的量感	29
自己试穿和他人试穿	29
试衣时穿什么	31
为试衣准备测试布料	33
在试穿过程中打剪口和作标记	36
大头针	39
保持试身样衣的平衡性	41
试衣顺序	41
试衣小技巧	42
评估试衣效果	43
基础纸样修改	**44**
制作纸样的专业术语	44

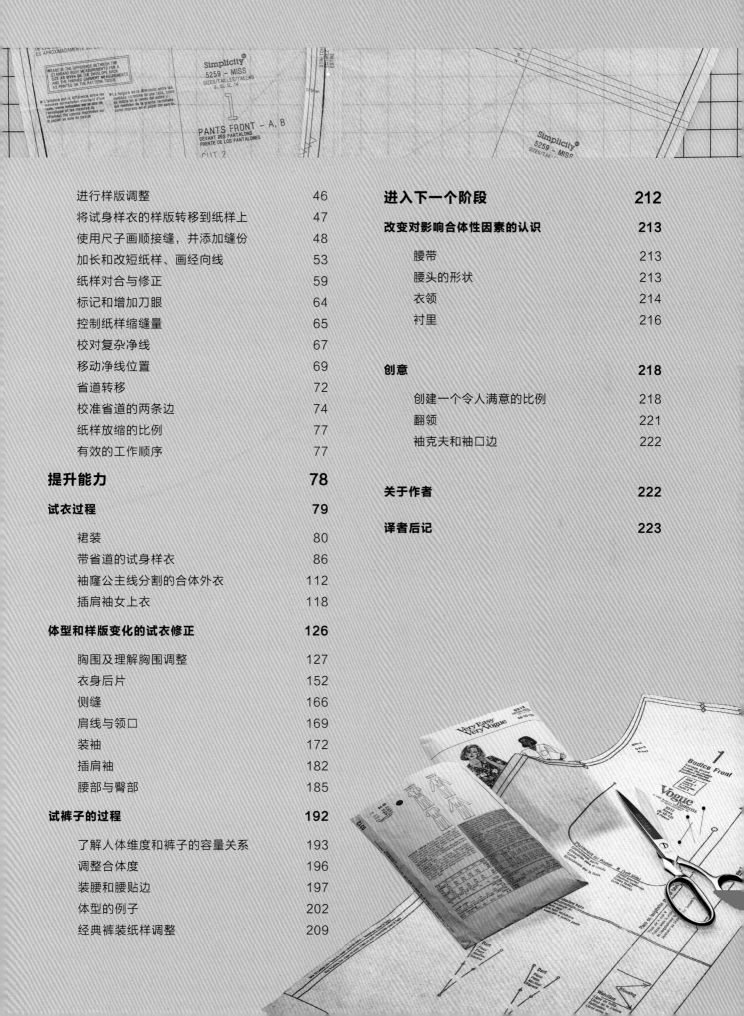

进行样版调整 46
将试身样衣的样版转移到纸样上 47
使用尺子画顺接缝，并添加缝份 48
加长和改短纸样、画经向线 53
纸样对合与修正 59
标记和增加刀眼 64
控制纸样缩缝量 65
校对复杂净线 67
移动净线位置 69
省道转移 72
校准省道的两条边 74
纸样放缩的比例 77
有效的工作顺序 77

提升能力 **78**

试衣过程 **79**
裙装 80
带省道的试身样衣 86
袖窿公主线分割的合体外衣 112
插肩袖女上衣 118

体型和样版变化的试衣修正 **126**
胸围及理解胸围调整 127
衣身后片 152
侧缝 166
肩线与领口 169
装袖 172
插肩袖 182
腰部与臀部 185

试裤子的过程 **192**
了解人体维度和裤子的容量关系 193
调整合体度 196
装腰和腰贴边 197
体型的例子 202
经典裤装纸样调整 209

进入下一个阶段 **212**
改变对影响合体性因素的认识 **213**
腰带 213
腰头的形状 213
衣领 214
衬里 216

创意 **218**
创建一个令人满意的比例 218
翻领 221
袖克夫和袖口边 222

关于作者 **222**

译者后记 **223**

前言

无论女性的身材和相貌如何，得体的服装都会让他更具美感，服装能弥补身材的不足，会让他更漂亮，也让外人看着更舒服。

尽管时尚潮流和服装款式不断推陈出新，但对合体服装的理解始终不变：

- 服装不会在自然状态下被牵拉或起褶皱。
- 服装在身上平整服贴。
- 服装与穿着者的身体比例相称。
- 服装剪裁美观得体。

穿着合体的服装，不仅是为了更好地呈现自己，更是要让我们感觉到舒适。穿着轻松自在的服装，可以让我们清晰地思考，更好地与人互动，以更健康的态度迎接每一天的挑战并快乐地生活。不要让我们穿着感到拘束的服装，不要等回到家换上舒适的服装之前都有度日如年的感觉。要做到这一切，就要从合体试衣开始。

服装的试衣是一个复杂的过程。它与服装款式设计、款式到样版转化，以及服装制作过程都密切相关，这些环节都会影响服装的合体性。服装的试衣要取得成功，必须具备以下几个条件：

1. 遵循恰当的试衣方法。
2. 正确理解试衣实践方法。
3. 正确理解纸样制版方法。
4. 具备识别特殊试衣问题的能力。
5. 具备在服装整体上解决特殊试衣问题的能力。

为了让读者更好地学习，本书章节之间进行了有序衔接。书中的第一部分描述了概念基础；第二部分讲解了服装的试衣过程，并展示了不同体型的人群在试衣过程中出现问题的解决方案；最后一部分展示了如何对辅助纸样进行修改，以便所有的裁片能够更好地配伍，并且讲解了一些具有创造性的变化样版。

尽管服装的试衣过程比较复杂，但只要有耐心和按照操作指南去做，相信每个人都能学会试衣的方法。

奠定基础

　　作为一名称职的试衣员，需要对试衣过程有一个概念上和实际意义的理解。跳过这些概念，直接讲解试衣实例就像在不先打好地基的地面上建造房子，房子会出现裂缝一样，同样，试衣也会存在缺陷，最终造成试衣效果不理想而造成不完美的穿着效果。

开发一种可靠的试衣方法

任何技能都需要训练。同样试衣也需要训练，试衣过程中需要训练眼力，以判断识别服装的合身与否。例如，对初学者来说，通常不会注意到拖拽纹的问题，直到问题被指出，他才会意识到。通过练习，首先训练眼力能观察出存在的明显的不合体问题，接下来再训练辨别细微差别的能力。训练眼力的一个好方法就是无论走到哪里都要留心观察人们的服装，哪怕是从工作地到杂货店的路上都要去观察。

为什么试衣过程很复杂

一旦确定有试衣问题，就必须加以纠正。这就需要知道如何操作服装布料。记住试衣问题不能脱离整体服装而断章取义地解决，必须在服装整体框架内解决。此外，在布料上的操作方法必须能保证在服装纸样中可以实现。随着试衣能力的提高，加上对试衣和纸样操作之间相互关系的理解，制作纸样的相关知识也会随之得到相应的提升。

具有较好的试衣能力需要一个过程，而不是通过一两次的经历就能获得或掌握的。它通常需要时间、耐心和多次在样衣上实践，慢慢培养出试衣能力。大多数的服装制作者都认为这一过程是值得的，只有这样，最终才能得到梦寐以求的完美试衣样版。

要想获得自己合体的样版也是有可能的，但往往也要花费较多的时间。准确评估自己身上的样衣是否合体要比观察别人身上的更加困难。拥有一个能反映自身身体的着装形式大有裨益，和试衣伙伴一起工作会有更多的帮助。当在学习辨别试衣出现的问题时，两双眼睛比一双眼睛更有用，这样可以通过合作、一起分析和讨论，很快会发现问题，并能找出最佳的解决方案。另外，还可以互相配合完成试衣过程。

每个人都是独一无二的

因为世上没有两个人体型是完全相同的，所以试衣问题也需要个性化有针对性地去解决。试衣的操作说明会帮助学习者开始着手试衣，但它只是对一类情况和典型解决方案的一般描述。然后，必须能举一反三，灵活地将这些方法应用到具体的问题中。只有通过更多的实践，才能灵活运用试衣操作说明。需要用不同的服装布料对不同体型的人体进行更多的练习，而不是生搬硬套地按照预定的试衣"规则"进行，只有这样才能让试衣变得更容易并取得成功。

尽管完美的体型可以描绘出标准化的试衣解决方案，但具有这样完美体型的人毕竟是少数。本书列举了典型试衣问题以及真实试衣情况进行讲解。试衣模特们都是身形有隆起和凸起的普通人。这些特定的模特体型可能并不代表个人的身材体型，但在书中会找到与你的试衣问题相似的试衣案例。

除了找到试衣问题的解决方案，一名好的试衣员还需要拥有反思和解决问题的能力和方法。本书提供的只是一种方法，它可以帮助你分析具体的试衣问题，让你得到最佳解决方案。最终，你会得到非常满意的合体服装。

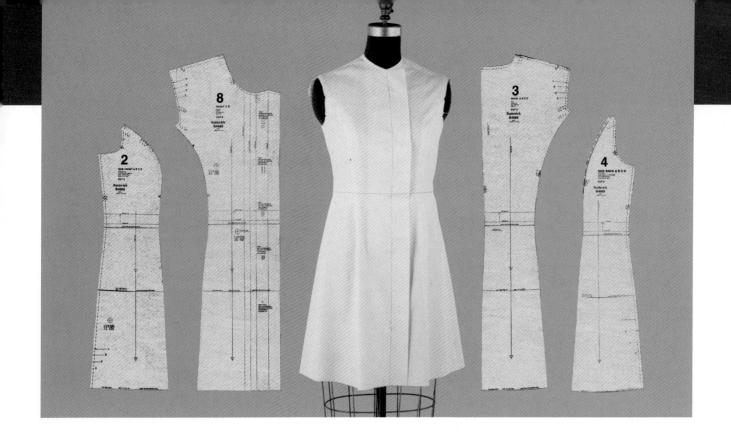

纸样与试衣的基础知识

纸样只是帮助我们制作服装的一种工具。如果做出的服装很合体，纸样会变得更有价值并且可以用来再制作服装。大多数服装制作者都期望有一套很合体的纸样，这样他们就可以一门心思地进行布料变换、装饰设计和适当的款式变化。

如何制版

服装制版方法主要有两种：平面制版与立体裁剪制版。

平面制版是基于人体测量的数据，利用电脑制版软件或手工的方式来绘制纸样。绘制纸样可以根据制版规则也可以根据个人经验。

立体裁剪制版是将布料直接披挂在人体或人台上，参照一定的立体裁剪规则和或多或少个人的理解去进行服装造型设计，然后将衣片从人体或人台上取下来，再转换成服装纸样的制作过程。当选用的布料或服装造型难以用平面制版达到效果时，往往就可以采用立体裁剪制版的方法来完成。

平面纸样是通过一系列基础纸样变化而来的，这些纸样又被称为"基础纸样""母版"或"原型"。多数服装公司都使用这种方法进行制版。本书将使用平面制版规则来指导如何将服装做得更加合体。

寻找合适的方式去制作纸样

商业纸样会提供许多信息来帮助服装制作者选择一个合适的纸样，并会指导如何缝制。因此在使用商业纸样之前应该先仔细阅读纸样袋上的说明。

几乎所有的商业纸样袋中都会附有一份说明：

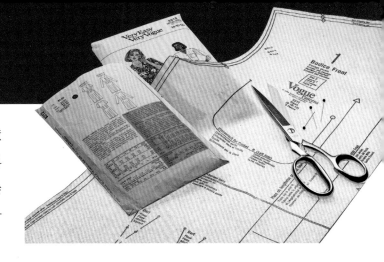

包括所有纸样的清单、每片纸样的说明、排料示意图、缝份加放信息、关键的图解（如怎样区分布料的正反面），并对每一步进行指导。一些纸样还会提供一份缝纫术语的汇总表以及一些有帮助的设计小技巧。

另外，一些纸样袋中还会包含服装缝纫工艺的难度等级、服装花型的推荐以及针织布料的弹性控制范围等。

需要注意的是，纸样只是制作服装的一种工具，并不需要完全照搬。在了解缝纫、面料、服装结构的基础上，再仔细阅读纸样说明，是至关重要的。

纸样袋正面

对服装的描述有些是服装效果图，有些是服装成品照片，也有些是两种都有。

视图是显示服装的变化。

尺码是提供纸样的一种或多种规格尺寸。通常，将多个尺码的纸样裁剪线都绘制在一张纸上。

纸样袋背面

款式图相比于纸样袋正面的效果图或照片来说，款式图通常告诉使用者更多信息，其中包含结构线（分割缝位置）以及省道等细节说明。

文字说明是关于服装宽松度（服装宽松或贴体）及整体风格要素等的说明。

成衣尺寸给出成衣的一些细部尺寸。例如，通常会给出底摆围度大小等。除此之外，一些纸样公司也会提供更多尺寸信息。

规格尺寸表列出标准的测量值和相对应的纸样的尺寸。

辅料单列出成衣所需辅料，如垫肩、纽扣等尺寸规格说明。

面料推荐是该纸样可选何种面料来制成服装。可参考其推荐并结合相关面料知识去选择满意的服装面料。

排料图就是告诉如何排料，同时也标出了面料的用量。通常排料情况有两种：有绒向的面料（所有纸样需要按一个方向排料，所用的面料要多一些）与无绒类面料（纸样可以上下颠倒排版，可以尽可能地节约面料）。

纸样上的符号

点、三角形或者正方形等符号标记相同的符号表示这些部位的长短相同。这些标记有助于理解和制作纸样。

布纹线也就是经向线，表示布料的经向，就是在排料和裁剪时来确定纸样的放置方向。布纹线与布边方向平行，这对于服装的悬垂感十分重要。

部件线是表示口袋、扣眼、装饰等部件在衣片上的位置。

双线表示在不改变纸样整体结构线的基础上，加长或缩短纸样的长度。

成衣尺寸有时会给出胸围、腰围和臀围的尺寸，这有助于确定纸样的放松量。

服装廓型与放松量

根据人体与成品服装之间的宽松程度可将服装廓型分为三大类：

1. 贴体型：这种风格的服装放松量较小，但可满足人体活动需要，如晚礼服、正装等。根据目前的流行趋势，一些时装可能也会剪裁得很贴体。

2. 较宽松型：这种风格的服装放松量比贴体型服装的略大，通常看起来更加休闲。它们涵盖的服装种类很多，如职业装、便装和郊游服等服装。

3. 宽松型：这种风格的服装放松量更大。如果布料余量控制得好，宽松型服装穿在身上的效果也可以做到与身体比例相称。它或许看起来比较宽松和穿起来比较舒服，这类服装很受大家的欢迎。

要确保服装舒适很重要，但舒适并不只是取决于放松量的大小，太大或太小的服装都容易让人产生不舒服感或约束感。另外，面料的选择也会影响服装的舒适性，服装舒适最关键还是要合体。

1 贴体型　　　　2 休闲型　　　　3 较宽松型　　　　3 宽松型

两种不同的服装放松量

服装放松量是指成衣尺寸与净体尺寸之间的差量。

对于梭织面料，成衣尺寸往往要大于人体实际尺寸，以满足人体的正常活动需要，这种松量称为穿着松量。为达到某种特定的外观效果，一些设计师刻意将服装的尺寸设计得比人体净尺寸要大得多，也就是在穿着松量的基础上，再增加的松量，这种松量称为造型松量。造型松量的应用在20世纪60年代的大底摆宽松连衣裙上得到了完美体现。臀部的放松量设计得比活动舒适量要大得多，从而使服装的风格更加独特。

对于针织面料，成衣尺寸往往等同于着装者的净体尺寸，因为针织物本身的结构与拉伸性可以满足人体所需的穿着松量。有些针织服装采用负的放松量，如用弹力针织面料（氨纶织物）来制作的运动服和泳装。这种情况下，成衣尺寸往往都是小于人体净体尺寸，针织面料所具有的良好拉伸性能可使服装与人体贴合并且能满足人体活动的需要。

20世纪60年代的大底摆宽松连衣裙

选择纸样尺码

由于商业纸样是按照标准体型来制作的，因此个人很难从中找到适合自己体型的纸样。当然也有些纸样公司会制作一些特殊体型的纸样，如果这些特殊体型的尺寸与你的体型相近的话，使用该纸样就会方便很多。然而，对于大多数女士而言，商业纸样只是一种工具，只是为制作适合自己的纸样提供一个良好的基础。

商业纸样给出的一份尺码表或测量项目的表，可以帮助人们去选择纸样尺码。但此表的测量项目相对简单，而我们在选择纸样尺码时，不仅要考虑人体尺寸，还要考虑很多其他因素。

尺寸测量

要制作合体的纸样，必须准确地测量人体尺寸。为了让服装更加合体并且便于穿着，测量时需穿着合体的内衣，并保持自然站立，注意皮尺轻轻地贴着人体，不要太紧。

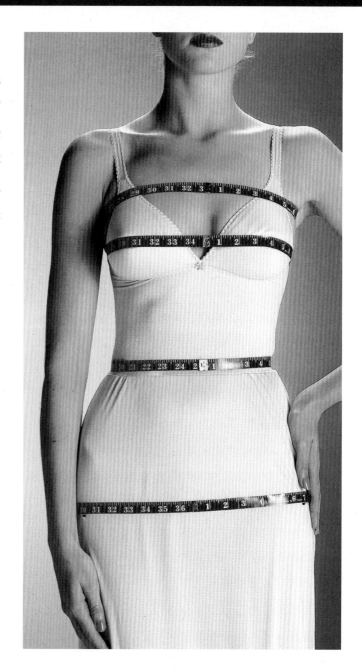

- **上胸围：** 绕过后背，通过左、右腋点和胸部上缘（胸部最上侧）围量一周，注意后背部分保持皮尺呈水平状态。

- **胸围：** 在胸部最丰满处水平围量一周，测量时注意皮尺保持水平状态。

- **腰围：** 即自然腰围，在腰部最细处水平围量一周。可以在腰部系一条窄松紧带，通过移动松紧带的位置便可以找到腰部最细处，也就是腰围线。

- **臀围：** 在臀部最丰满处水平围量一周，测量时注意皮尺保持水平状态。若腹部或大腿比臀部更丰满，则用这两处的测量值代替臀围。

腰在哪里？

尽管大多数人认为裙子或者裤子的腰就是他们腰的位置，但是腰的定义是人体腰部最细的部位。而大部分女士穿着的裙子或裤子的腰实际是低于人体实际的腰围线，裙子或裤子的腰大多位于髋骨顶端或者肚脐的位置。尽管服装风格流行使得"腰围"部分经常低于骨盆，但商业纸样的腰围线仍然位于人体实际的腰围线处，除非纸样做特别的说明（例如：裙子纸样上部标注"低于人体腰围线3.8cm"）。这是为了适应市场的需要而进行的风格上的调整。

根据哪个尺寸选择纸样？

在得到一组准确的人体测量数据后，就可以进行下一步的工作，购买纸样。通过阅读纸样封面的尺寸表，可以基于人体测量数据找到纸样公司推荐的相应的纸样尺码。

对于裙子和裤子（也就是下装）来说，主要是根据臀围尺寸来选择纸样，正如前面提到的那样，如果腹部或大腿比臀部更丰满，则用这两处的测量值代替臀部的尺寸。

对于衬衫和夹克(也就是上衣)来说，选择合适的纸样尺码要复杂很多，因为大多数商业纸样都是根据乳房尺寸为B罩杯的女性来制作的；也有一些纸样用特殊标记提供多个罩杯的尺寸，但其他部位尺寸均是按照人体的标准尺寸来设计的。

由于根据胸围选择的纸样尺码与许多女性的体型不匹配，因此许多乳房尺寸比B罩杯大的女性更喜欢根据上胸围来选择纸样尺码。偏小的纸样尺寸更符合他们的体型，只需要对胸围进行修正（见第129页），使胸部尺寸更加符合他们的体型；如果根据胸围选择纸样，则要修正并减小肩宽和袖窿弧线长。这两种方法都是有效的，可以选择其中对自己更有益的一种。

对于罩杯尺码为A的女士，其纸样选择与上述过程一样，但修正过程则相反。如果根据胸围选择纸样尺码，则需要增加肩宽和上身长；若根据上胸围选择纸样尺码，只需要对胸围进行细微的尺寸修正(见第129页)。

确定罩杯尺码

用胸围的尺寸减去下胸围的尺寸的得数来确定罩杯的尺码。

A罩杯≤2.5cm

B罩杯=3.2~5.1cm

C罩杯=5.7~7.6cm

D罩杯=8.3~10.2cm

DD罩杯=10.8~12.7cm

使用标准的尺寸表

大的纸样公司有标准化的纸样尺码，但是这些尺码与服装成衣的尺寸无关。如果要根据胸围尺寸选择纸样尺码的话，可以先在胸围那一栏找到相应的数据，然后再找到与其所对应的纸样尺码。如果是利用臀围的数据，用同样的方法来选择与其所对应的纸样尺码。当然，如果人体数据在表中两个数据的中间，这个章节中基于这些数据之间的差值告诉读者如何选择合理的尺码。记住纸样只是帮助你开始的工具。

款式图尺寸表												
尺寸表（未婚女）												
尺码	4	6	8	10	12	14	16	18	20	22	24	26
欧洲尺码	30	32	34	36	38	40	42	44	46	48	50	52
胸围（cm）	75	78	80	83	87	92	97	102	107	112	117	122
腰围（cm）	56	58	61	64	67	71	76	81	87	94	99	105.5
臀围（腰围向下23cm）	80	83	85	88	92	97	102	107	112	117	122	127
后背长（cm）	38.5	39.5	40	40.5	41.5	42	42.5	43	44	44	44.5	45
娇小女子的后背长（cm）	36	37	37.5	38	39	39.5	40	40.5	41	41.5	42	42

尺寸表（已婚女）								
尺码	18W	20W	22W	24W	26W	28W	30W	32W
欧洲尺码	44	46	48	50	52	54	56	58
胸围（cm）	101.5	106.5	112	117	122	127	132	137
腰围（cm）	84	89	94	99	105.5	112	118	124
臀围（腰围向下23cm）	106.5	112	117	122	127	132	137	142
后背长（cm）	43.5	44	44	44.5	45	45	45.5	46
娇小女子的后背长（cm）	41	41.5	41.5	42	42	42.5	43	43

松量表						
		很合体	合体	较合体	宽松	很宽松
连衣裙	连衣裙	0～7.3 cm	7.6～10 cm	10.5～12.7 cm	13～20.3 cm	20.3 cm
	夹克		9.5～10.8 cm	11.1～14.6 cm	14.9～25.4 cm	25.4 cm
	大衣		13.3～17.2 cm	17.5～20.3 cm	20.7～30.5 cm	30.5 cm
臀围	短裤/半身裙	0～4.8 cm	5.1～7.6 cm	7.9～10.2 cm	10.5～15.2 cm	15.2 cm

信息由McCall公司提供。

选择纸样尺码时的其他变量

纸样的松量直接影响着服装的合体性，一些商业纸样提供了服装的描述，其中也包括服装松量的说明。例如，在描述中，服装可能被描述成较合体或者较宽松。然而，这种表达并不准确，它仅是定性地描述了松量的范围，就像我们在松量表格中看到的那样，无法知道真正的服装穿着状态。

在纸样的外包装袋子上印有着装效果图或穿着时的照片，以此来表述服装穿着时的合体度或宽松度。其实，这些都不能真正反映服装的宽松程度。

服装成衣的实际尺寸不管是印在纸样的外包装袋上，还是在纸样上，这对确定服装松量的大小是有帮助的，人们通过这些实际尺寸就可以知道纸样

纸样的选择

改变纸样的长度相对比较容易操作，为了方便使用者使用，很多服装纸样会提供加长或者减短的线。但是调整服装的围度相对来说是比较困难的。因此，在选择纸样尺码时，即便已经很明白要调整纸样的长度，也要尽量选择最合适的围度尺寸（基本松量+造型的松量）的纸样尺码。

中各部位松量大小。简单来说，就是用服装成衣的尺寸减去对应人体部位的尺寸，就可以得到服装相应部位的松量。在确定服装的基本松量和造型松量后，决定选择纸样的尺码。

松量推荐

不同的人对服装的穿着松量要求是不同的。例如，图表中列出了不同廓型的服装，达到合体效果，胸围的松量需要达到7.6～10cm，而有时减小松量也是有可能的。根据个人喜好不同，松量的多少也会有所不同。大多数女性喜欢少一点的松量，这样的服装显得更加合体，人显得更加苗条。

为了保证服装能够达到较好的合体效果，对于苗条体型的女性来说，臀围和胸围的穿着松量可以控制在3.8～5.1cm；而对于圆润体型的女性来说，臀围和胸围的穿着松量可以控制在5.1～7.6cm，这样可以让人感觉舒适。腰围的松量根据个人爱好来决定，对喜欢穿紧一点服装的人来说，就可以少加或者不加松量。一些女性喜欢稍微加一点松量，可以加1.3～2.5cm；而有些女性喜欢腰围紧一些，甚至可以将松量设定为负数，也就是说，服装腰部的尺寸小于实际人体腰部尺寸。

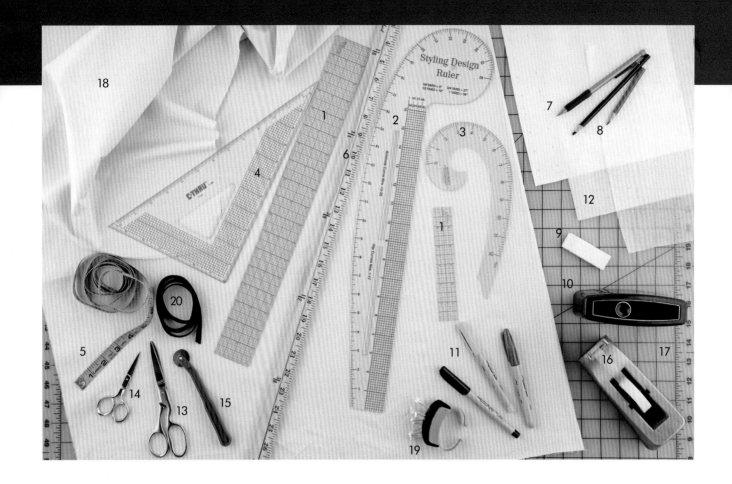

制版和试衣的工具

在制版和试衣时，可以使用一些专用工具，这样会更方便。当人们在使用很顺手的工具时，可以提高工作效率，比如你可以尝试使用不同品种的铅笔和剪刀，直至发现自己喜欢的类型为止。制版的图纸也有多种，例如薄纸、建筑师描图纸、工业上用的带字母和数字的网格纸以及考试用表格纸等。使用纸张代替坯布制作纸样，最大的优点是没有弹性，不会变形，使纸样更精确。

透明直尺（1） 可以在绘图时看到下面的纸样。并且每八分之一英寸就有一个刻度，使用起来特别方便（在中国如果不用英寸的话，可以选择厘米刻度的透明直尺），并且有多种长度。

时尚标尺/造型设计标尺（2） 为样版修正和绘制提供了极好的曲线。

法式曲线板（3） 提供多种的曲率，虽然很好用，但不是必需的。

直角标尺（4） 也很方便，可以是三角形、L形或T形。

皮尺（5） 材质无论是增强玻璃纤维还是防水油布，都不会拉伸变形。

直尺或者校码尺（6） 用于试衣过程中检查中心轴线。

铅笔（7） 的线条精确易读且手感舒适。自动铅笔不需要削。

彩铅（8） 在进行多个样版修正或标明需要使用的线条时特别方便，也有助于在布样上绘制图线。

织物橡皮擦（9） 可除去铅笔的划痕而不会擦伤布料，也不会在布料上留下痕迹。

卷笔刀（10） 用于削木制的普通铅笔和彩铅。

小头记号笔（11） 用于作标记，标记大头针固定的部位。

制版用图纸（12）如建筑师描图纸、带字母和数字的网格纸或考试用的表格纸。不建议使用用于包装礼物的薄纸，因为容易撕裂。

剪纸刀（13）应选用方便使用的，并能准确地进行剪裁。

小布剪（14）在试衣过程中对样衣进行修剪很有用。

描图滚轮（15）和复写纸一起使用，这样可以将样版复制到样布上或样版纸上。

修正带（16）用来在制版过程中添加纸张，进行样版修正。有些更灵活，有些是可移除的。使用时可以将修正带装在台式修正带切割器上，这样更方便。

桌子或工作台（17）需要足够大，能够铺开纸样。合适的高度可以防止腰背部不舒适，如果有条件的话，可以制作可调节高度的桌子或工作台。

坯布（18）或其他组织结构稳定的织物，用于制作试身样衣。条格平纹布，其纹路往往不正，使用不是很方便。一些人喜欢用透明的织物或轻质的非织造布制作样版，这些织物本身也可以用于试衣，这种方法虽然很方便，但不如纸样那样准确。

大头针（19）用于固定布料，应该锋利且易于使用，有人更喜欢用珠针，有人喜欢在腕部戴上插针包，这样方便插针。

松紧带（20）宽度为6～10mm，在试衣过程中固定裙子或裤子的腰部，也可以辅助进行腰围的测量。

了解关于缝纫机和基本的缝纫知识有利于制作试身样衣。

熨斗和烫衣板用于熨平布料和试身样衣。

要有一面单独用于试衣的全身镜，也可以再多几面镜子，这样可以无需转动或扭曲身体，就能轻松看到自己着装后的背面和侧面效果。

试衣人台使用起来很方便，但不是必需的，在人体上试穿样衣可以更好地获得准确的比例。

纸样和试衣的关系

为了得到一个合体的纸样，首先做一件试身样衣。试身样衣通常用坯布来做，在坯布上可以做各种改变，使服装合身、比例完美。同时，将修改好的纸样保留下来，作为下次制作服装的样版。

理解平面纸样的绘制方法有助于你成为一名高效的试样师。例如：你在试身样衣上如何做修改，也用同样的方法在纸样上做修改。了解服装试衣原则可以提升调节版型的能力。例如：你会清楚知道当调整一片纸样时，与其相邻衣片的纸样应该做出怎样的调整。

试衣和制版这两种技能在许多方面都是相互支撑的。当你在试衣时，就会知道如何在纸样上微调绘制的曲线。当你调整样版时，就会不经意间被你所了解的体型的视觉和触觉感所引导。一项技能的强化也会提升另一项技能。

试衣过程概述

获取一个合体的样版需要一个过程，有时候它是一个简单而短暂的过程，而有时候它却是一个漫长而复杂的过程。有些款式非常容易做到合身，而有些人的体型更容易合身。但是整体的过程是一样的，下面的章节将详细描述这个过程。

1　如果有需要，可以对样版做初步调整。

2　标记并做一件试身样衣。

3　试穿试身样衣时，需要训练你的眼力去发现样衣的问题，决定样衣要先做哪些改变，并且知道需要改到哪种程度才合适。

4　在试身样衣上将调整部位用大头针固定，然后标记出需要变化的位置，接下来便是取下大头针。

5　然后将试身样衣上的标记位置转移到纸样上。

6　调整纸样，需要掌握基本的制版技巧。

7　比对纸样（即检查相邻纸样的接缝的长度是否相等）。

8　作好标记并再制作一件新的试身样衣，重复这个过程，直到样衣合身、版型满意为止。

重新开始

与其试图一次完成整个试身样衣的更改，不如在完成少量修改后，停止试穿。根据试衣过程中出现的部分问题，对纸样进行调整，然后再缝制一件新的试身样衣，这样往往更容易看出下一步要做哪些调整。另外，你需要确认到目前为止所做的是否真的提高了样衣的合体性。如果在一次试衣中进行大量的修改，可能会出现新的问题，这样很难评估是什么原因造成了新的问题。

识别试衣中的问题

　　学会识别试衣过程中的问题是需要时间的，高级样衣师已经学习和练习了很多年，他们在多种体型上试穿了数百件服装。一旦发现样衣的一些新的试衣问题，就可能联想到其他问题，逐步建立起对试衣的全面理解。试衣是一项可以学习的技能，但需要去训练眼力，用新的方式看问题。

识别拖拽纹

　　拖拽纹是由于布料受到斜向或水平方向产生的拉力而形成的，通常从问题的源头向外发散。拖拽纹有起点和终点，因此首先要确定哪一个是起点，这可能会让你困惑。拖拽纹产生的根源是服装太紧，或者没有足够的立体空间，在任何类型的服装上都可能发生。

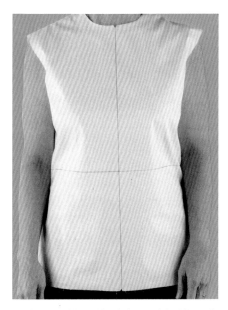 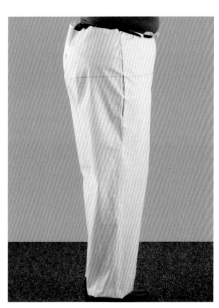 

从胸部开始延伸到水平对标线下方的斜线是典型拖拽纹，主要根源是胸部存在合体性问题。

除了其他几个合体性问题，有相当多的拖拽纹从臀部向外发散。这表明臀部太紧，臀部需要更多的立体空间。

虽然肩部也有许多合体性问题，但是从胸部到腰部附近的侧缝线出现了较多的拖拽纹，表明胸部需要更多的塑型。在服装前中的布料有一个水平拉力形成拖拽纹，也说明服装的胸部太紧。

认识褶皱

褶皱表明衣料过多。垂直褶皱意味着衣料围度过宽；水平褶皱表示衣料过长。褶皱并不总是在问题的根源处形成。例如，如果紧身上衣在腰部有水平褶皱，则可能是肩到腋下或是腋下到腰部之间的衣料过长。

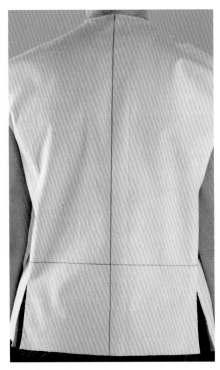

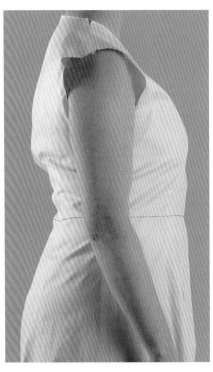

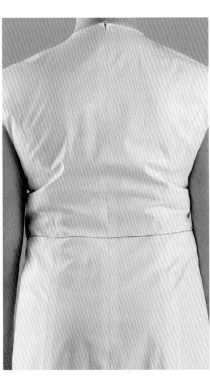

从人体中后部到腰部侧面的垂直褶皱表明这件样衣后片的围度过于宽松。

人体中后部的水平褶皱表明这件样衣腰部以上的衣料过长。

同一件样衣水平褶皱的后视效果。

练习发现试衣的问题

无论何时何地，注意观察你身边人的服装合体性。女士衬衫的腰部至臀部是否存在褶皱？夹克有没有布料堆砌在臀部上方？裙摆的后片比前片短吗？可以通过练习，不断提升你对服装的观察理解能力。

观察衣料是否外翘

　　除款式设计原因引起的衣服底摆呈现喇叭状之外，前片远离身体向外翘起意味着服装版型需要修正。这通常表明水平对标线并不水平。

大头针导致的细小拖拽纹

　　大头针的针迹通常会产生细小的拖拽纹。这是由于大头针从衣料的一个方向扎进去，然后在反方向往回拉出所导致的。

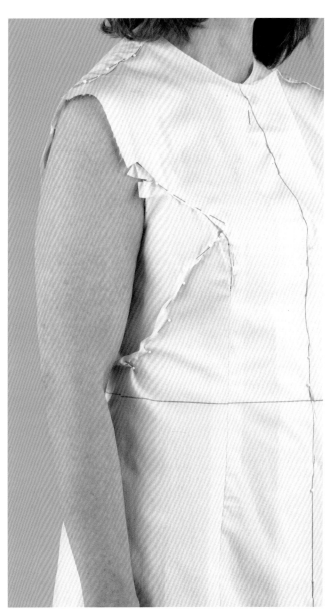

这件衣服的前片底摆部分远离身体向外张开，这表明它的水平对标线不水平。在此示例中，褶线从胸部开始延伸，意味着该服装胸部有必要进行更多的修正。

通过练习，学会忽略大头针的针迹在服装上产生的细小拖拽纹。

试衣的对标线

在没有对标线的情况下对试身样衣进行合体性调整，那就需要很大的运气。有时你可能会取得成功，但大部分情况会以失败而告终。在进行样衣合体性调整时，你常常不明白这个对标线为什么起作用——尽管如此，你也可能会对它起到的作用感到非常高兴。使用如下所述的试衣轴线，可以建立一条试衣时使用的对标线。它能够使你有条不紊地进行调整。在每一步，你都会知道自己想要得到的试衣效果是否实现，但前提是你必须弄清楚如何使用它。试衣轴线可以引导整个试衣过程。

试衣轴线

试衣轴线是一条固定的线，可围绕该线对样衣进行调整。如果没有试衣轴线，而总是凭感觉行事并希望达到最佳效果，你会发现纠正一个试身问题，可能又会出现另一个试身问题。运用试衣轴线，你可以有目的和有方向地对样衣进行调整。

我们可以想象用格子面料制成的直筒裙，这样可以了解试衣轴线或对标线。前中线是纵向试衣轴线（垂直对标线），也就是一条垂直于地面的直线。

在裙的底摆处，格子布的一条彩色线始终均匀地环绕在裙子周围，该线（底摆线）与地面平行，通常利用它来建立试衣轴线的水平对标线。

将视线移动到臀部（通常是指臀部最丰满的部分），建立第二条水平对标线。从正面看，在腰部最细部位的下方臀部的水平线（臀围线），该线平行于底摆线，可以作为水平对标线。

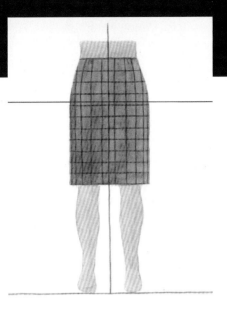

水平对标线

上面所提及的臀部水平线（臀围线）被作为水平对标线。由于水平对标线始终平行于地板并垂直于前中线。对于裙子而言，大部分的合体调整都是在臀围线上方进行的，因为布料的纱向要与下半身的外形方向一致。如果试衣轴位置准确，则底摆线会像格子布的一条彩色线一样均匀地环绕在裙子的周围，且裙子保持垂直（**A**）。

如果在调整裙子时不将臀围线作为对标线，也可以使布料贴伏在身体上。但是根据调整方式的不同，底摆线可能不会像格子布的一条彩色线一样均匀地环绕在裙子的周围，在这种情况下，裙子有可能会在身体的前部或后部外翘（**B**）。

有肩部支撑的服装(如上衣、连衣裙、夹克和外套)，水平对标线在胸部和腰部之间。连衣裙是一个很好的例子，可以说明上身水平对标线是如何派生出来的: 它是一条平行于底摆和臀部水平对标线的附加线。如果衣长延伸到臀部以下，在臀部绘制水平对标线有助于调整试衣过程。

A

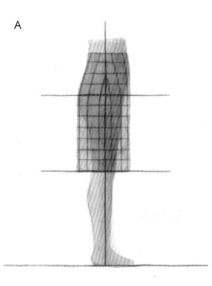

B

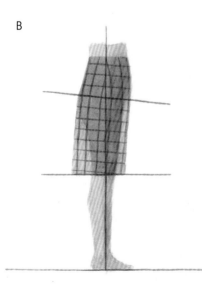

后中线

后中线不如前中线作为试衣轴线有用，这是因为服装的后中缝通常与塑型有关，不一定是垂直线，前中线通常都是垂线。但是，在调整后片时，也可以把后中线作为试衣轴线，但前提是必须确保水平对标线保持水平。如果服装底边在臀部以上，其水平对标线在胸腰之间（C）。

不规则造型底摆的服装也遵循相同的原理，因为不规则造型底摆实际上只是一种时尚元素而已。如果样衣的底摆是平直的，通过简单的缝制，对不规则造型的底摆在完成大体造型后，再进行底摆造型设计（**D**）。

在纸样上建立水平对标线

在许多商业纸样中，加长线或缩短线可作水平对标线。若没有加长线或缩短线，也可以建立水平对标线，但是要检查这些线是否处于同一水平。对于任何类型的服装，以下过程都是相同的。

为建立水平对标线，必须熟悉纸样（请参阅第59页）。水平对标线垂直于前中线。因前中线平行于布纹方向线，所以水平对标线也垂直于布纹方向线，斜裁除外。在斜裁时水平对标线与布纹方向线呈45°的夹角。

C

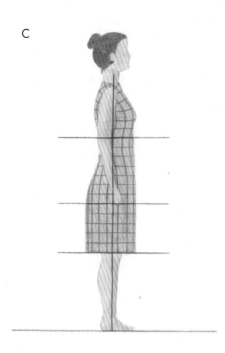

D

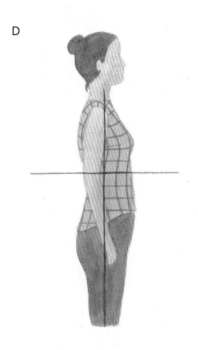

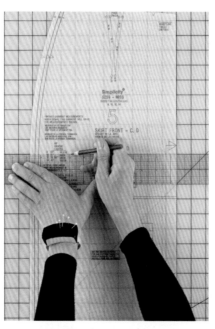

水平对标线位于裙子或裤子的臀部最丰满的部位或者在其下方。

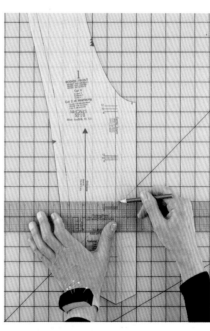

水平对标线位于上衣、连衣裙、夹克或外套的胸围和腰部之间。

准备试身样衣的布料，将水平对标线画在布料的正面，便于查看。有关此操作的说明，请参阅第35页。

1   在相邻纸样上建立水平对标线，将两个要缝合的纸样从底边开始比对直至确定水平对标线的位置，然后两片纸样上相同的位置作标记点，过标记点画水平对标线。

2   将这相邻的两片纸样放置在网格板上，并移动纸样，直至经向线与垂直网格线重合。

3   然后过标记点画水平对标线。一定要画准，这是非常重要的。

试衣建议

为了更好地利用水平对标线观察试衣效果，可以在试身样衣的布料上多画几条水平对标线。

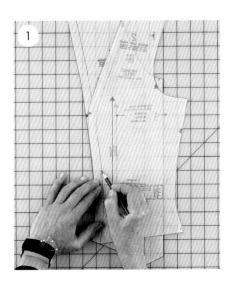

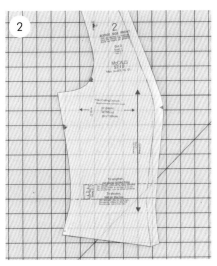

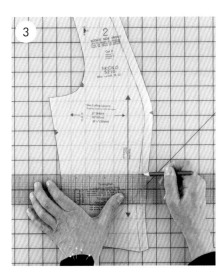

在试衣过程中如何使用水平对标线

在试衣过程中，水平对标线是非常有用的，它就是参考线。在试衣过程中要学会使用水平对标线去找不合体的位置，并进行调整。在试衣过程中，运气是不存在的，只能靠不断的尝试来纠正错误，凭借少量的经验，围绕对标线对布料进行调整，才能得到服装所需的加放量。

试衣的基本知识

学会看

通常我们看到的大部分东西都是被动接收的信息，但在试穿样衣过程中需要主动地、仔细地观察并发现问题，获取有用的信息，这是非常必要的。随着试身过程中经验的积累，你会成为一个有洞察力的观察者，试衣过程中你会发现存在的问题。

使用镜子和照片

在试衣时，需要用大头针固定和操作布料，因此要离样衣近一些。然而，为了整体上观察服装与试衣者体型比例的相称和平衡，这需要观者离得稍远一些。

可以这样做：如果穿在别人身上试衣时，你可以离得远一点进行观察；当穿在自己身上试衣服时，可以使用一面或多面镜子，离镜子稍远一些，正常姿势站立，通过镜子来观察试身样衣。

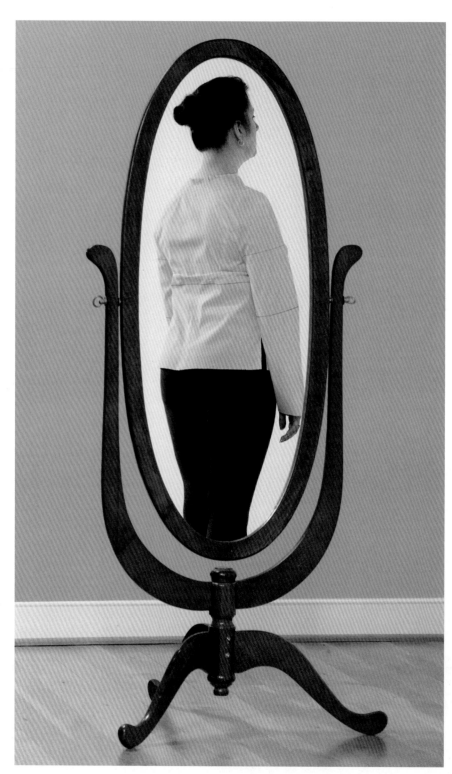

使用镜子有以下几个好处:镜子可以让我们在更远的位置进行观察，在更大的背景下看到感兴趣的或者想重点关注的部位。此外，当我们直接看样衣时，看到的是一个三维物体，而镜子中的反射是二维的，观察二维图像通常更容易发现样衣的问题。

镜子也有助于我们辩证地看待试衣问题。当我们试衣时，倾向于脑海中出现的第一个解决方案，而透过镜子进行观察，可以改变我们的视角并促使我们换一种思维方式。这会引导我们找到潜在的解决方案。

使用照片来研究试衣效果和通过镜子来观察具有相同的好处。当一个人试衣时，只看照片，不会那么容易产生个人的偏见，可以让我们更客观地看待自己的体型。不管什么工具，只要能帮助我们提升发现问题、解决问题的能力，我们都可以使用。

人体的量感

试衣是一个复杂的过程，然而，从本质上说，试衣过程就是在人体上利用布料创造一个立体空间的过程。其实，这也没有什么神秘的，只是解决样衣所形成的三维空间与三维的人体吻合的问题而已。

除了整体相匹配之外，样衣还必须体现每个个体的体型特征。例如，两个胸围尺寸完全相同的女性，很可能他们的身体比例完全不同。一个可能是后背较宽、乳房较小；另一个可能是后背较窄、乳房较大。尽管他们胸围的尺寸是一样的，但是两个人的衣服版型和试穿效果会存在很大的差异，一个是宽背版型，另一个是窄背版型。一个只需要给乳房提供较小的空间，另一个需要给乳房提供较大的空间。

然而，两种体型的试衣过程是一样的。调整样衣对正前、后中线和水平对标线，然后修正样衣，使样衣与人体相吻合，松量合适。

自己试穿和他人试穿

在他人身上试穿样衣观看效果时相对比较方便，你可以绕着走，从不同的角度观察样衣。不但可以研究样衣本身，还可以观看镜子中的反射的图像。你的手可以很方便地接触到样衣的各个部位。

对于服装制作者来说，拥有一个试衣伙伴，试衣效果就会既快又好。他不但可以帮你试衣，还可以帮你发现问题。尤其对刚开始学习试衣的人来说，试衣伙伴可能会发现你没有发现的问题，你们还可以一起解决试衣过程中出现的问题。

体重波动

有一些女性的体重几乎没有变化，而另一些女性体重波动很大。体重的增加或减少都会影响其试衣的合体程度。对于试衣者来说，在试衣过程中，需要考虑接下来体型的变化，有意做一些调整。对于那些体重波动较大的试衣者，样衣不要做得太合体，需要明白这样的试穿者很难做到绝对完美的合身。

自己试衣

自己试衣也是可以的，但需要有耐心。自己无法看到或触摸样衣的每一部位，这是最大的问题。可以多放置一两面镜子，这样有助于看清样衣的侧面和背面。在自己试穿过程中，对样衣调整部位进行固定是比较困难的。前片和侧片还好，手可以够着去固定。后片就不行，手够不着，这就需要脱下来才能做调整并固定。

识别试衣问题并设想出调整方案是非常有用的。设想样衣需要做哪些调整，脱下之后用大头针固定调整部位，然后再穿上。评估调整效果时，注意观察是否需要微调校正、移动调整的位置或重新进行调整等。

如果你挫败感较强，可以先搁置几个小时或几天，然后再进行试衣。自己试衣有一个"帮手"是很有用的，例如，你可以教一个没有缝纫经验的人如何使用大头针固定。然后，利用自己观察和评估

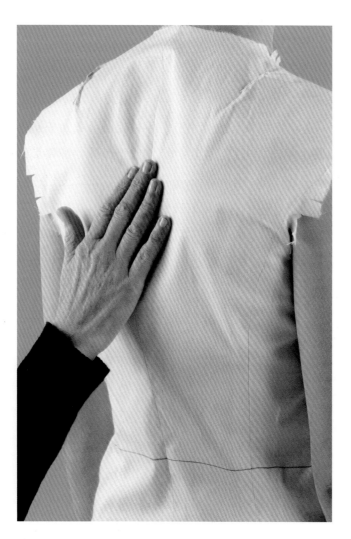

样衣的能力，指导"帮手"在哪里进行调整和用大头针固定。

他人试衣

他人试衣需要密切接触试衣者。一个有经验的服装制作者知道试衣前的首要任务是自己和试衣者之间建立信任，这会使试衣者感到放松，有益于你完成工作。

为了建立信任，让试衣者穿上样衣后你可以帮他扣上扣子，让他面向镜子，你站在他身后。当初次对样衣进行视觉评估时，你可以轻轻地摸摸他的背部，然后绕着他走，这时你还可以轻轻地触摸肩部。当他逐渐习惯你用手抚摸他的时候，你也就逐渐了解了样衣的合体程度。

如果你感觉试衣者适应了试衣过程，则可以正式开始试衣。如果没有，你就只讲一些你所观察到的，例如，"样衣上的这种褶皱说明需要收胸省，让他看看修改后的变化"。这为修改样衣提供了一个过渡期。在下一次接触中，试衣者可能会更放心，因为他已经知道试衣的内容。此外，当他发现新的样衣更合体时，他会对你和整个试衣过程充满信心。

"用手摸"可以得到一些眼睛无法识别的信息。试衣完成后，你会感觉到你已经掌握了试衣者的身体特征。当用尺子修改样版时，这些"在你手指里"的信息对你帮助也很大。

为了使试衣者放松，你可以主动引出话题。可能会问一些关于他工作或生活的问题，如有几个孩子，在最近的暴风雪中是怎样度过的，对即将到来的周末或假期又有什么计划等——任何能让他开口的话题都可以。这样试衣的过程对他来说过得更愉快，

试衣建议

人在一个位置站立超过5~10分钟会很累，所以一定要让试衣者间歇地走动或做几个膝盖弯曲动作来减缓疲劳。

时间过得很快。而你只需要一点点注意力就能让谈话继续下去，这样以便你可以集中精力给她试衣。

有些试衣者会对试衣过程很感兴趣。在这种情况下，可以谈论你正在做什么来让样衣合体。这时通常会说出他身材的优点。许多试衣者就会很兴奋，这就将服装试衣过程融入到实际穿着的服装环境中。如果自己试衣，思考有趣的面料和风格元素，这可以帮助你在试衣过程中保持兴趣。

舒适性：合体的标记之一

获得试衣者试穿样衣体验的反馈意见是非常重要的。如果是自己试衣，则自己需要扮演服装制作者和试衣者两种角色。

在修正了一个试衣问题后，有时试衣者会主动说感觉好多了。如果试衣者没有主动提出反馈意见，则需要进行主动询问（例如，"现在捏紧了袖窿，感觉好点了吗？"）。如果你注意到衣服的某个部位非常紧贴身体，就需要询问试衣者感觉如何（例如，"样衣的胸部紧不紧？"）。试衣者的反馈为试衣过程发现问题提供重要线索，这也暗示哪些位置需要注意。

试衣的最终目标是让试衣者穿着衣服感到舒适。每个人对舒服的感知是有差异的。例如：有些人不能忍受袖子太紧；有些人不喜欢胸部松弛。即使你个人并不喜欢如此，但这些对于试衣的人来说却是非常实际的问题。

尝试是试衣过程的一部分。可能需要尝试几种不同的方法来达到既舒适又合体的效果。除了思考哪种变化让衣服看起来更好，还要问试衣者哪种体验更好。

别着急，慢慢做

许多人不知道什么是合体，从来也没有穿过合体的衣服。朝衣服合体的方向迈出一小步就是最好的途径。与其试图在一个想法中进行所有修改，不如先进行一些修改。修改样版，再做一件新的样衣。在下一次试衣中，再做一些修改。

通过这种方式让试衣过程变得更容易，而且可以逐渐引导试衣者理解什么才是合体的。如果你是自己试衣，这个策略也很有效：随着合体度慢慢提高，你会很容易知道下一步需要做什么。

试衣时穿什么

因为基础服装、内穿服装和鞋子会对服装的合体程度有影响，所以在试衣时必须要考虑到这些方面。

基础服装

在试衣时基础服装很重要，不能随便穿着，一定要得体。例如：一件破旧的文胸可能会降低胸围，过紧的内裤会在松紧带的上、下方产生凸起等，这些都影响到样衣的合体性。

内穿服装

在试穿夹克时，需要配上平常可能会在夹克里面穿着的吊带背心、衬衫、运动衫或者毛衫等衣服。一般建议试衣者在试穿的过程中尽量穿上他们今后可能会穿在里面的最厚的衣服。将不同类型的服装穿在夹克内分别进行试衣，如果只针对某一种或一类服装来试衣，比较容易做到合身效果。一旦换成其他不同类型或厚度的服装，效果就不尽如人意了。比如，只考虑到了毛衫，那如果里面只穿吊带背心时，则夹克就会显得有些宽松。因此，穿着者必须事先要考虑将来会将哪类服装穿在这件夹克的里面。

如果你有试衣效果较好的纸样，通过对纸样适当的修正，可以做出更大或者更小的服装。例如，你有一件公主肩衬衫，可以按一定比例对服装相关部位进行加放改变样版，就可能变成公主肩夹克，甚至可以做成公主肩外套；也能按一定的比例对服装进行缩减，使夹克变成衬衫。具体步骤如何操作，详见第77页。

鞋子

穿不同的服装需要搭配不同的鞋子。鞋跟的高度会影响到服装的长度，尤其是裤子。鞋跟的高低也会影响人的站姿，相应地就会影响到试衣的效果。鞋跟高度在2.5~3.8cm时，裤长差别不大；鞋跟高度在2.5~6.4cm时，裤长就会有明显的不同；鞋跟高度在2.5~10.2cm时，裤长就会有很大的差别。如果没有确定的鞋搭配的话，在试衣时，建议选择一双常穿的鞋跟高度的鞋。

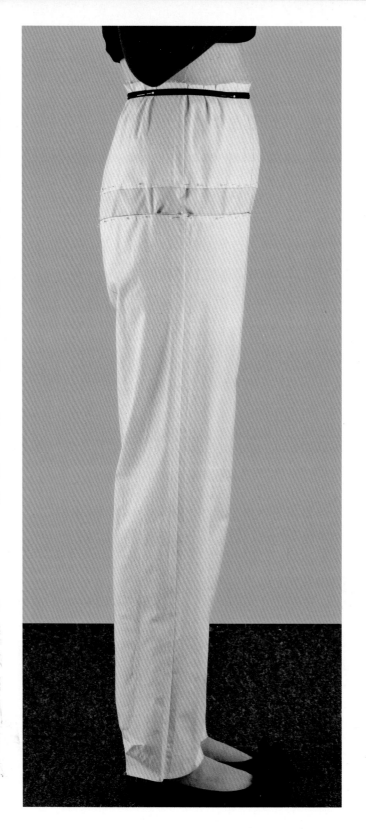

为试身样衣准备布料

试身样衣的布料选择

如果服装布料选择梭织物，试身样衣的布料同样也要选择稳定性较好的梭织物。如果服装采用弹性布料，那么在做试身样衣时，也要使用具有相似弹性的织物。如果服装布料采用悬垂性较好的布料，则建议使用稳定性较好的织物，至少做一次或者两次试身样衣，这样才能保证不依赖织物的悬垂性而去解决试衣过程中所遇到的问题。如果服装布料采用厚重的织物，那么最好使用相似厚度的织物做试身样衣。

如果服装布料使用针织布料，那么在试身样衣布料的选择上要注意，两种布料在长度和宽度方向上要具有相似的延展性和弹性性能。

采用浅色布料做试身样衣比较好，是因为浅色布料比深色布料更容易发现试衣过程中出现的问题。在试衣时也容易作标记，方便对样版进行修正。

坯布通常被用来做试身样衣。不同的棉织物在重量和品质上会有所不同。通过测试，可以了解不同坯布的属性，并且可以根据你的预算来确定选择何种坯布。当然也会知道哪种坯布更适合于制作哪类试身样衣，并能够达到最佳试衣效果。

坯布和其他廉价的布料一样往往会出现布纹歪斜的问题。幸运的是，大多数坯布和廉价的棉布的结构还是相对稳定的，有时会有轻微歪斜，但影响并不大。只要在裁剪纸样前，通过反向拉伸和熨烫就可以理顺布纹。因为布纹对服装悬垂性会产生一定的影响，因此一定要处理好布纹的方向。

一般情况下，可以不对布料进行预缩处理，保留坯布或其他廉价棉布上原有的少量的浆料，这样布料的稳定性会更好。

裁样版和作标记

在裁剪样衣时，通常可以先将布料对折，再将纸样放置在布料上，可以同时裁剪试身样衣的左右两片，然后在衣片上作标记，这样做既高效又准确。

将纸样中的相关信息应用到试衣的过程中。根据经验，你将会了解哪些信息对试身样衣有用，哪些是无用的。通过尝试，学会利用这些信息，找到合适的解决方法。

转移信息

应该将下列标注内容从纸样上拷贝到坯布的正面，还可以标记胸高点、布纹线、净样线、底边线、刀眼和对位点等。

前中线： 它是前中轴线，应该在坯布上标出。对左右不对称的服装而言，标记前中线可以作为可视化的参考线。

服装开口： 标记服装开口的净样线，以便能准确地合并服装的开口。对前中开口的服装来说，前中线也是对位线，将它标记出来是非常重要的，因为确定纽扣的大小或是选择其他的闭合方式，都与前中线到止口线的距离有关。对于不对称服装，对标线可能就是前中线。

水平对标线： 在试衣过程中水平对标线是非常关键的，所以要确保很容易就能看到它。如果对试衣过程有帮助的话，可以在试身样衣上标记多条水平对标线。例如紧身连衣裙，水平对标线可在胸部与腰部间标记一条，另外在臀围线上或在臀围线以下再标记一条。如何在纸样上标记水平对标线，详见下一页。

省道： 在进行样衣试穿之前，省道无论是否需要缝合，都要在试衣样版将所有省道线的位置标记出来。第一次进行试衣时，裙子和裤子上腰省可以不进行缝合，在评估试衣者的穿着效果时，可以让省道呈自然状态。这些省道线只是作为左右侧对称的参考位置，起到平衡左右衣片作用。即使在试衣之前，将胸省和肩省进行缝合会使服装穿起来相对更合体，但不缝合更有利于在试衣过程中重新调整省道的位置。

如何描样（拓版）

可以专用缝制用的碳笔或彩色铅笔来描样。尽量少用抽丝的方法在布料上作标记线，抽丝不容易看见痕迹。记住：在移走所有大头针之前，在坯布上进行标记。

使用缝制专用的碳笔和拷贝纸：

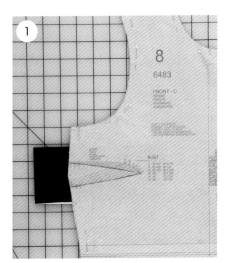 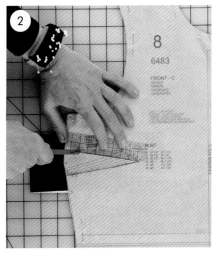 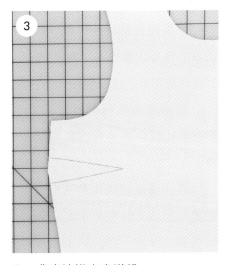

1 将拷贝纸放在两层样版之间。

2 使用滚轮，将坯布样版上的标记线和标记点进行拷贝。

3 准确地描出省道线。

试身样衣开口

在试身样衣上确定想要的开口位置。通常情况下，试样上的开口位置不一定与最终成衣的位置相同，只要对试衣过程有帮助就可以。当试裤子的时候，在裤子的后中缝开口会更好，因为这样在前裆就不需开口了，更便于看出前裤裆的弧线是否合体。

根据以下方法标记水平对标线和前中线，这样做可以做到精准无误，方法如下：

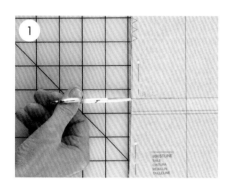

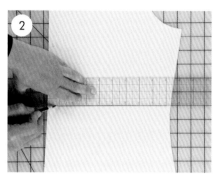

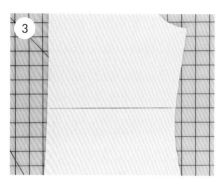

1 在水平对标线处打一个小剪口。在这个案例中，由于后片中缝是分开的，所以水平对标线是从后中缝开始一直画到侧缝线的位置。

2 掀开坯布，让直尺与小剪口对齐，然后画出水平对标线；在另一片后片上重复操作即可。

3 正确地标记出水平对标线的后片。

缝合试身样衣

使用长针脚来缝合试身样衣，这样在试衣过程中比较容易拆开缝线来调节尺寸大小而使样衣合体。注意：长针脚不要拉得过紧，不然容易产生抽褶现象，需要随时保持平整。

当在缝制一件真正能穿的服装时，必须将缝头和省道熨烫平整。而缝合试身样衣时，可以将缝份朝里，也就是对着人体的一面。但有些人喜欢将缝份朝外，因为这样更容易调整和固定净缝线。缝份朝里的话，当你在查看试身样衣是否合体和评估服装的净缝线怎样更合适时，有时受到缝份的干扰造成混乱。如果只是简单地将样衣的里面翻到外面，也就是让缝份朝外，这也容易造成混淆，举例来说吧，如果试衣者是特殊体型（如高低肩），此时样衣的左边就穿到人体的右边去了，正好与体型相反。

除非某些部位很容易变形，否则缝线需要拆掉。如果你试衣用的坯布的结构足够稳定，那么在试身样衣上只需保留腰部和颈部处的缝线。当保留缝线时，需要使用合适的针距（每2.5cm缝10～12针），并检查该缝线是否引起坯布抽褶变形。

在最初试衣时，不要将拉链装到试身样衣上，因为在试衣过程中进行调整时需要用大头针固定。如果衣长需要改短，用大头针固定拉链是很困难的，这样无形中增加了难度。最好是在试身样衣修改完成后，再将拉链装上。如果你自己需要试穿一件背后有开口的衣服，可以根据你的方便调整开口的位置，便于在试衣的过程中穿脱。

制作试身样衣时，省略服装上的风格元素和细节，先将试身样衣的基础部位缝合到一起。例如，刚开始试衣时，不要把领子装上去，因为领口弧线要与试衣者的颈部吻合，所以必须先确认样衣的领口弧线与试衣者的颈部是否吻合。当然，也不要绱袖子，因为袖子可能会造成衣身部分的变形。用服装最基础的部分，开展试身样衣的工作。

试身样衣完成后，用熨斗将其熨烫平整。但是，不要给样衣上浆，这可能会导致上身效果比较僵硬，不自然。

在试穿过程中打剪口和作标记

　　服装过于紧身，会导致变形走样。试身时，第一步是需要将较紧的部分缝头拆开或打剪口，在缝份处或剪开处增加一定的量，让服装得到舒展。在进行试衣的过程中，也要反复检查试身样衣是否还有过于紧绷的现象。

缓解边缘的紧绷感

　　如果布料上出现水平或斜向的拖拽纹，这就告诉我们紧绷了，当然也不完全都是这样。一般情况下，在试衣过程中，"读懂"布料发生的变化是很重要的。如果你怀疑出现紧绷是服装的边缘造成的，例如认为是领口或袖窿处，那是很容易判断的。你可以在其缝份处剪开几个1cm深的小剪口，如果剪口处自然展开，那么就说明此处松量不够。如果剪口没有展开，引起紧绷的现象就不是边缘的问题，可能有其他原因。

　　在进行试衣的过程中，最保险的方法是逐渐加大剪口的深度和增加剪口数量。当剪口不再展开，或者原先的拖拽纹消失的话，那么则无需再将剪口加深或增加剪口了。

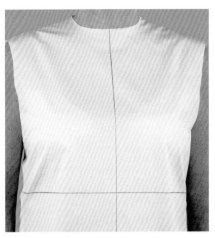

领窝过于紧绷，在胸围线和领口线间出现细小而紧绷的拖拽纹时，你在前领窝处伸进一根手指就会感觉到脖子很勒，有时试衣者也会向你反馈这些问题。太紧的领围或腰围往往会导致试身样衣紧绷部位的布料向上爬，过紧的位置看起来也比身体的围度要小。

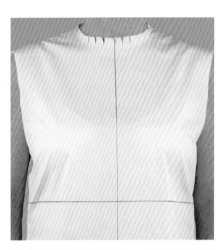

试身样衣得到舒展，在边缘部位打剪口，通常这些剪口是开在缝份上的，但也有时需要将剪口长度增加，也就是说剪口长度只有超出缝份，才能使试身样衣得到舒展。

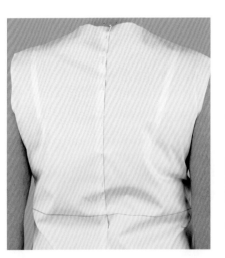

袖窿过于紧绷，后袖窿处和袖窿以下出现布料的堆积，在腋下引起布料细微的扭曲，这种问题也是常见的，详见第87页。

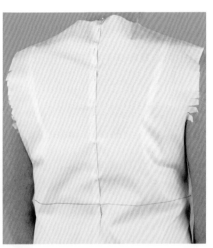

袖窿处打剪口，通过打剪口让袖窿放松。在这个例子中，剪口的长度已经超过袖窿净缝线。后袖窿经常会发生这类问题，前袖窿有时也会出现类似的问题。

减少衣身内部紧绷感

在服装的中间部位也会产生紧绷感。在这个案例中，紧绷现象没有出现在服装的边缘部位，这种情况只能通过减少缝头来增加松量，从而缓解紧绷感。有时服装的某个部位在第一次评估测试时看起来太紧，一旦在其他部位做了适当的修改，这个部位的问题也就随之解决了。例如，如果胸围太紧，使得衣身的背部看起来也紧；如果胸部有足够的空间，背部紧绷的问题也就随之解决。

另一个例子是，当一件上衣的后片底边在臀部紧绷时，就会导致后片水平对标线低于前片，也就是后片的水平对标线下沉了。如果调整后片水平对标线处于水平位置，往往就可以减轻后臀部的紧绷感。可能你最初没有注意到是水平对标线位置不正确造成后臀部紧绷，这也不要紧，你在试衣的过程中也可以通过其他不同的途径来解决。例如，可以放开侧缝，缓解臀部的紧绷感。在修正的过程中，你最终还是会注意到后片的水平对标线过低的问题，调整完成后再将侧缝固定到一起。在这个案例中，可能多做了几步，但最终结果是相同的。

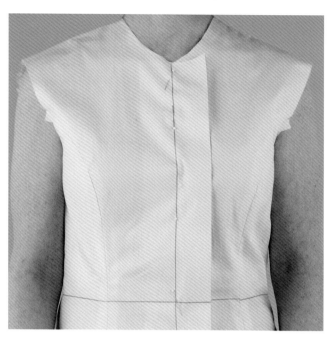

尽管这件样衣胸围不像先前的案例中那么明显呈现紧绷的现象，但我们发现在胸围线处的大头针位置发生了轻微的扭曲，这也说明还是紧绷的。

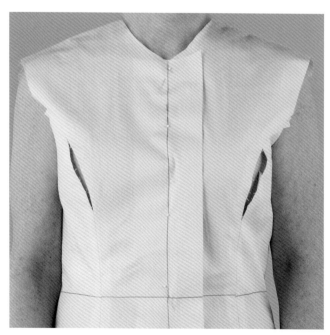

拆开胸线部位的公主线，放出一定的量让服装得到舒展。在这个案例中，为了确保两边对称，需要同时拆开左、右两片的公主线。

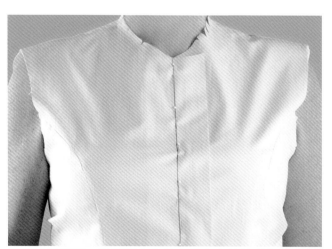

胸围过于紧绷，胸围线上布纹向前中有拉拽现象。

试衣时在样衣上作标记

需要在试身样衣上作标记，标记出净缝线的位置，而不是裁剪线。试身样衣和纸样修正都是相同的：只考虑和标记净缝线。

有时在试身样衣上标记了净缝线，后来发现不是想要的。如果碰到这种情况，可以在这条净缝线上画两条杠表明不需要此线。

在试身样衣上直接标记，意味着这些标记不容易丢失，并可以准确地将这些标记转移到纸样上。即使现在并不能精准地在试身样衣上进行修正，但随着试衣技术越来越好，你可以通过这些标记快速地进行调整，提高工作效率。

标记袖窿线和领窝弧线的位置，同时标出新的肩线位置。

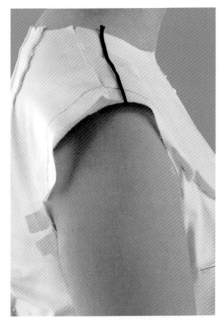

可以使用几种工具来确定净缝线的位置。如用窄的细绳或者辫带状的饰带固定在样衣上，这方便移动位置。当对某条净缝线还不确定时，你也能用一排大头针作标记，但要重新调整相对要耗时一些。像肩线这些比较容易看见的位置，可以直接用铅笔将净缝线标记出来。

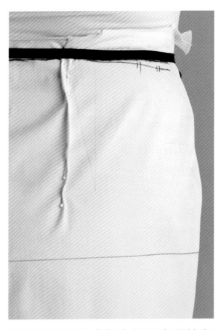

标记两条短杠或打上阴影表明这条线是无效的。

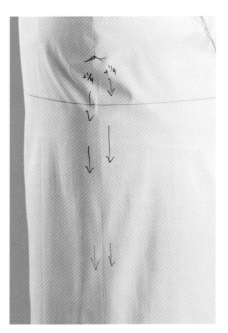

这些记号表明裙子将从水平线上方的标记点开始到裙子底边要增加一定的量。在纸样制作时，就会知道沿着侧缝向下要增加多少，同时要画顺新的侧缝。

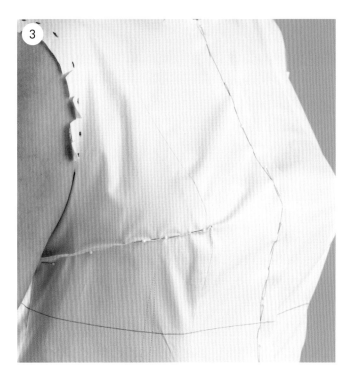

用大头针进行这样的调整是正确的。

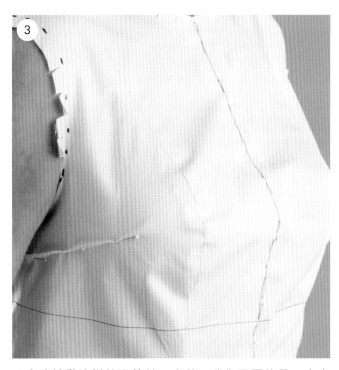

用大头针做这样的调整并不完善，我们需要的是一个省道，而不是做一个完全闭合的楔形。

大头针

在试衣者身上用大头针直接对试身样衣进行修改，可能不小心会扎到试衣者。还有，当手伸到服装里，多数情况下会让布料发生变形走样。基于此，在试衣过程中需要灵活运用大头针的固定技巧。

用大头针固定的技巧

在重新确定缝份位置时，让两片衣片缝份都朝向同一个方向，然后按以下方法依次进行操作。首先，轻轻地推大头针，针尖仅仅穿过顶层布料，防止扎到试衣者的皮肤，在不完全进入底层布料的情况下，挑起底层布料的最上面，同时轻轻地拉起试身样衣，稍微离开试衣者的身体，然后再将大头针插入底层布料，最后弯曲大头针将其从最外层布料挑出。

传统的扎针练习

1 用大头针固定解决试衣的问题，这意味着需要将针扎在衣片中，而不是仅仅在缝头上或只沿着缝头扎针。

2 调整试身样衣时用大头针可以做到很平整很漂亮，但这很费时间，需要我们去权衡试身样衣的工作效率与平整漂亮的关系。

3 用大头针改变试身样衣的方法，要能保证在纸样上也能用这种方法进行调整。例如，尽量将省尖到达公主线，这样在纸样上就可以将侧胸省转移到公主线里，而不是仅仅在侧片增加一个闭合的楔形。

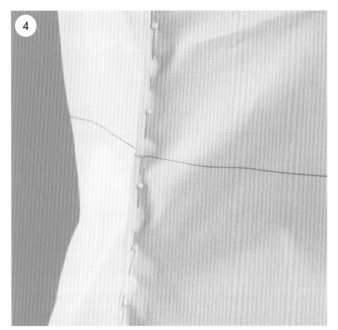

这样用大头针固定进行调节是正确。

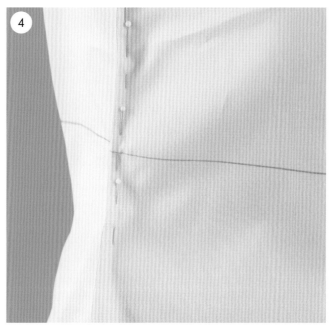

这种做法是不完整的（下半部分没有用大头针固定）。

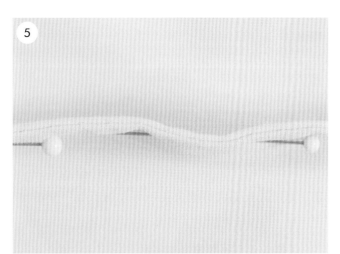

用大头针固定，多余的布料平均分在两个接缝处。

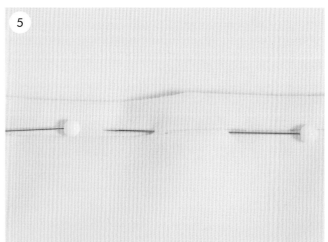

用大头针固定，将多余的量在一侧的接缝去掉。

4 用大头针固定布料时，注意针尾。当侧缝处需要别掉6mm的余量时，不要在进针和出针时就将这6mm的量吃进去，而是要将进针和出针都在一条顺直的缝上。

5 用大头针进行接缝修正时，要清楚地知道是一侧的缝受到影响还是两侧的缝都受到影响。

6 作为一个体贴的试衣师，在用大头针时要注意，即使大头针没有戳到试衣者，但针尖在布料的边缘和紧挨着试衣者皮肤时，就要考虑到可能对试衣者造成伤害，应尽量将大头针针尖靠近衣服的位置而又远离试衣者。

保持试身样衣的平衡

不存在完美对称的体型。每个人的身体左右两边或多或少都会有一些不同。例如，一只胳膊长于另一只，一边肩低于另一边，左右臀高低不一致，一条腿比另一条腿稍短等。

对身体的左右两边进行很精准的试身样衣制作，这样更加凸显出身体的不对称。制作服装并不是要强调一个人身体两边的不对称，而是要做出能让身体左右两边看起来平衡和对称的适体服装。许多新手往往倾向于将样衣做得很贴身，这种贴身称为"过于贴体"。然而，对于大多数女性而言，适体的服装应该能更好地展示出他们的身型是对称平衡的，那才是最好的。

如果需要试身样衣左右对称，那么纸样就必须是对称的。这意味着只需要做一侧的纸样即可，商业纸样通常就是这么做的，除非服装是不对称的风格。

有些女性身型左右两边明显不同，这就要两边分别进行试衣。如脊椎侧凸引起的脊柱弯曲，造成身体两边不对称。像这个案例，身体两侧要分别进行试衣和完成纸样的制作。例如，一条完整的裙子纸样，可能包括左、右后片和整个的前片纸样，前片纸样由于不对称也是不可以对折裁剪的。当对特殊体型进行试身样衣制作时，最大的挑战是用什么方式，如何尽可能的让身体看起来对称。

均衡试身样衣

- 对于高低肩，可以在低的那一边添加肩垫，使左右平衡；肩垫的厚度应该等于两肩高度的差量。
- 避免过度贴合，只需让高的或者大的那边合适；如让高肩或高臀部那边合适，让粗胳膊或大臀那边合适即可。

试衣顺序

制作试身样衣并非是按一个固定的顺序就能完成的，在制作过程中会出现一系列的变化，需要针对试衣者的要求进行调整，可能会对身体的不同部位进行一而再、再而三的修改，才能达到满意的效果。样衣是穿在人身上的，而不是一个固定的物体上，人是动态的。在试衣过程中，随时都可能发生改变。这就需要我们找出不合体的原因，并解决它们，为了能够获得最符合身型要求的纸样，在开始试身前就要让试身样衣舒展，并稳定在人体上，不能乱跑。

因为试衣刚开始并不能观察到所产生的一系列问题，所以最终呈现试衣顺序也会有所不同。另外，我们需要充分了解试衣者的体型，并且还需要了解布料穿在身上的效果。因为纸样的变化，所以在制作试身样衣的过程中，我们还需要理解纸样的变化原理，才能对其进行正确修正。

变化所产生的一系列问题，则是让这项工作变得复杂的原因。下列步骤为大家提供了一套基本的、易于操作的试衣顺序。

1　将紧绷的部位拆开。

2　标记水平对标线的位置。如果你并不能确保达到要求，可以做临时的调整，直到找出最好的解决办法。在适当的位置建立试衣中心轴线，这样可以更直观地帮助识别和评估试衣中存在的问题。

3　解决长度问题，根据适体样衣进行加长或缩短。

4　确保凸起或肥胖的部位合体。

5　重新查看水平对标线和试衣中心轴线。

6　当一件新的试身样衣能满足需要时，就算完成。

试衣小技巧

- 试衣中心轴线在试衣过程中是一个很重要的工具。通过调整试身样衣的布料，让中心轴线回到正确的位置。每件样衣都要有试衣中心轴线，通过试衣中心轴线调整布料并消除布料拖拽的问题，消除褶皱，以及过紧或过松等现象。

- 每次试衣时检查中心轴线，如前中线、水平对标线和侧缝的位置等。

- 在试穿过程中，如果试身样衣总是前后移动，或者从一侧往另一侧移动，试身样衣与人体之间还不能做到相对稳定，这通常表示还存在一些问题没有解决。

- 如果试身样衣总往上卷缩，这表示衣服太紧了。当然也可能是试衣者在试身样衣里面穿了太多的衣服。例如，试衣者如果把针织衫掖到腰间，裙子往往就会往上卷缩。

- 省道创造了三维空间。它们一般出现在身体丰满或凸起部位，而不是在扁平或凹陷的部位。

- 省道开口量的大小会影响三维空间的大小。省道的开口量越大，其形成的三维空间就越大，反之就越小。

- 解决合体问题的方法不止一种。尝试多种选择并评估每一种效果，最终确定最有效的解决办法。

- 在试衣过程中，不要花太多的时间处理每条缝的细节，当试衣样版转移到纸样上时，还有许多细节需要处理，可以继续修改。

- 一次不要做太多的修改，先解决那些一眼就可以看出的问题，将纸样进行调整，然后再制作新的试身样衣。通常情况下，在整个工作周期中，制作新的试身样衣再进行试衣反而更省时。如果同时进行大量的调整，那么问题会变得更复杂，反而会降低工作效率，因为这样很难弄清哪些改变又造成了新的试身问题。

- 试穿上衣时不要有领子、袖子和其他的细节。过多的细节会让人忽略掉衣身本身存在的问题。

- 最终确定衣身合体后，再绱袖子。袖子的舒适性其中一部分是取决于衣身的合体程度。另外，首先要让袖子适合手臂，然后再处理好袖窿和袖山的关系。

- 有腰缝的（自然腰、高腰或者低腰）连衣裙在试衣时，先试上衣部分；在上衣部分合体后，再加裙身。

缝

大多数情况下，前中缝是直线，只有极少数情况是弧线。
穿着状态下，侧缝是直的，并且要完全垂直于地面。
后中缝可以是直线，也可以是弧线。

评估试衣效果

对于试样师而言，在查看样衣时，尤为重要的是需要有眼力，能够判别出现的问题。最明显的是，在每次试衣后，水平对标线要保持水平，侧缝完全垂直于地面，不可以有紧绷或拉扯的迹象，也不能有拖拽纹。但是最难的是在反复调整后，再对试身样衣进行评估，此时试身样衣全身都是大头针，尤其是大头针本身就会造成微小的拉扯纹和使布料出现轻微的凹陷。当你把一系列修改拷贝到纸样上时，这些问题就可以解决，并可以制作一件干净整洁的试身样衣。

进行第二次和第三次试身样衣修改时，你应该清楚地知道所做的修改如何转化为纸样，并且还有机会进一步对这些修改做微调。在解决一些比较明显的问题后，在随后的试衣过程中就可以更轻易地找出其他问题。

通过照片查看试身样衣的上身效果，更便于发现问题。具体讨论详见第28页。也可在评估时寻求缝纫搭档的帮助。没有参与最初评估的人，可能会发现你所忽略掉的问题。然后你们可以进行讨论，得出一个更好的方案去解决出现的问题。

除了评估视觉效果外，评估服装的舒适性也非常重要。那些不舒适的部位隐藏着衣服不合体的问题。

多次制作试身样衣的好处

对于大多数服装以及很难做到合体的服装来说，建议你至少进行两到三次的试身样衣的制作。如裤子之类，属于不容易合身的类型，需通过多次对试身样衣进行调整，才能达到满意的效果。

多次进行试身样衣的制作并不是"额外工作"。花一些时间使得试身样衣更合体，在进行面料裁剪时，会让工作更快捷。不仅让你对衣服的合身效果有信心，还会让你更熟悉衣服最主要的部分是如何制作的。在用时装面料制作服装时，就可以避免出现一些难以预料的问题。

可以穿的试身样衣

当你觉得试身样衣与身型合适时，可以先做一件完整的试身样衣。这件样衣的面料和最终的成衣面料要具有相似的特性。

然后进一步检查试身样衣是否合身，并且穿上该样衣可以做一些基本活动。当你站在镜子前，也会让你看到一些不易察觉的问题。如果发现有问题，这也没有损坏贵重的面料或独特的面料。如果穿着合适，那你就多了一件可以穿的衣服。

该试身样衣与日常服装不一样，在碰到特殊场合需要某种服装时，你可以将它做小小的修改。例如，只要使用极少的面料就可以将拖地的长裙改成一件裙长至膝盖以下3.3 cm的紧身连衣裙

足够好吗？

什么情况下可以认为试身样衣足够好了，就合适了，这也是试衣过程中重要的一环。随着你的眼力得到很好的训练，你会发现更多细小的问题，但也容易让你陷入其中，会过分纠结，从而无法缝制一件真正满意的衣服。有时足够好意味着你可以开始做这一件，而不是去做其他的时候，一旦你决定做，你就会努力做到最好。

基础纸样修改

每次在调整试身样衣时，都需要在原来的基础纸样上做一些修改，获得新的纸样。纸样的修改是至关重要的一步，它需要我们有足够的耐心和想法。

制作纸样的专业术语

基础纸样修改的专业用语包含以下表达方式。

胸高点： 胸部最突出的点。

画顺接缝： 重新绘制一条缝，消除尖角和不平顺，使整条缝变得平顺光滑。

闭合楔形： 通过不定的量缩短试身样衣或者纸样某一部分的长度。

裁边线： 这条线表示裁剪纸样的线。

省道开口量（也就是省量）： 省道的两条边张开的距离。

省边线： 省道的两条边；缝合省道的线。

省尖点： 省道的终点或结点。

省道延伸： 将两条省道线延长直至相交。

省道转移： 将省道从一个位置转移到另一个位置。

微调： 为得到更好的效果而进行一些细小的调整。

折线： 这条线表示当裁剪面料时，此处将面料对折裁剪，只要裁剪一半就可以得到一整片。

经向线（或者布纹方向线、布纹线）： 裁剪面料时，经向线与布的光边平行。

网格框： 标记框架，画出一定间隔的平行线和垂直线形成网格。

十字缝线： 两条缝相交或者一条缝交于一条缝。

刀口： 在纸样上作标记，通常是小三角的形状，用于缝合时进行对位。

切展楔形： 通过不定的量延长试身样衣或者纸样某部位的长度。

缝份（缝头）： 净缝线到裁边线的距离。

净缝线： 纸样上的这条线表示缝制线。

延展： 将试身样衣延长或纸样均匀展开加长或加宽。

比对纸样： 将需要拼接的两片纸样叠放在一起，比对要缝合的两条净缝的长度和刀口的位置。

修整缝线： 检查纸样上的缝线是否圆顺以及两个相邻的接缝是否相同，然后做出修整长度。

核对缝线： 对比在两个相邻纸样上的同一缝线的过程。

展开： 不均匀地缩短或延长样衣或者纸样的一种操作方法。

对位记号： 画一条短线作记号，作一系列的记

号用来对位接缝。

褶： 将纸样或样衣的两边缝的长度均匀缩短。

校对接缝： 检查纸样上的两个接缝是否合适，是否一样长或是否如预期的一样，并对其做必要的修正。

腰省： 胸以下垂直方向的省道。

比对： 在两片纸样上，比较同一条缝的过程。

楔形： 通过不定的量，缩减或延长试身样衣和纸样的某部位的长度。见"闭合楔形"和"切展楔形"。

进行样版调整

样版调整工作似乎很艰巨。当你做调整时，常常会感到思维混乱或者又自我推翻，尤其在你还不确定哪种变化是有用的时候。

有多种的纸样调整方法，有些是你听说过的，也有些是你已经用过的，如拼接法、旋转法、切割法、展开法等。至于选择哪种方法，取决于你的理解和操作习惯。许多简化的纸样调整是因为它们便于人们使用。但是简化的样版总是以牺牲精准度为前提的。商业纸样制作前，将体型做了归类，然后按体型分类制作纸样，这些纸样实际上就是进行了简化，而不是针对个体的。大家可以在商业纸样中选择较适合自己体型的纸样尺码，然后做试身衣，再进行试身调整，最后可以得到符合你自身体型的纸样。

对于纸样调整，应该以试穿者的身体作为重点。纸样上进行的更改应与试身样衣穿在人身上所做的更改直接对应。有时候，仅仅做一些小的调整就可以了，偶尔也会有较大的改变，甚至超过对商业纸样的修改。

虽然随意修改样版似乎听起来很吓人，但要记住纸样只是一个工具，可以自由修改。对于制作一件完全合身的衣服而言，这种自由修改是必需的，且要考虑细致到哪种程度。目的并不是使用样版，而是要得到一个合体的样版。

因此对于试身样衣而言，成功进行纸样修正的关键是恰当和细致的调整。进行合适的试衣之后，可以将试身样衣要修改的问题直接拷贝到纸样上。然后用在坯布上修改的方法，在纸样上进行相同的修改。用这种方式制作样版可以让你把握工作流程。即使其他的方法似乎更安全，能让样版保持完整，但它们并不考虑有效性和精准性。

掌握基础纸样的制作技巧，就可以进行任何纸样的修改。这一章节讲述基础纸样的制作技巧。更多的专业技巧与示例将一同进行讨论。

正如许多技巧一样，纸样制作也有其专业用语。纸样制作的术语，详见第44页。

样版调整的注意事项

- 细心地、有条不紊地工作。

- 试身样衣上哪里进行调整，就要在纸样上同一位置进行修正。问题出在哪里，就在哪里修改。

- 净缝线的处理。制作纸样和试衣过程一样，要考虑清楚净缝线的位置。当一条新的净缝线出现后，最简单的就要想到调整缝份。

- 画新的净缝线时，尽量选用合适的曲线尺子，而不是徒手画线。

- 调整后的纸样要平整。当纸样放在桌上时会产生起泡或者褶皱，表示纸样修正有问题。

- 如果修改之前很难看到重要的标记，则重新拷贝纸样。在重新画线或对其进行微调时，常常会有这种情况发生，有时也会由于胶带或添加的纸张遮住而看不到标记。

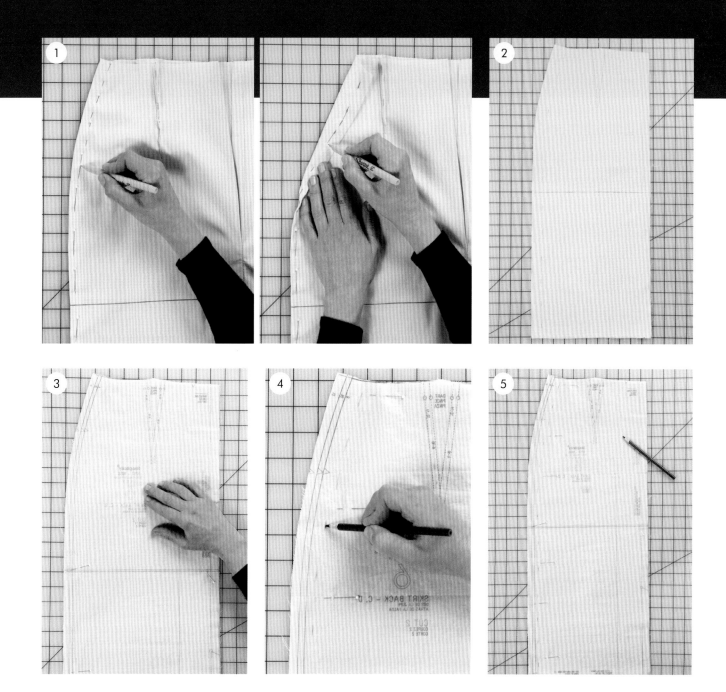

将试身样衣的样版转移到纸样上

首先，在试身样衣上要作修改的部位进行标记。用记号笔或者彩色的铅笔作标记，颜色越显眼越好，因为这样可以区别省道线和经向线，更容易看到。然后将这些标记拷贝到纸样上。

1 在试衣过程中，大头针所别的净缝线上下两片布都要作标记。

2 去掉所有大头针并且熨烫坯布。

3 将纸样放在坯布上，对齐边缘，作标记，如标记出水平对标线的位置。为便于操作，可以用大头针将纸样和坯布固定在一起。

4 将坯布上所有的修改或做的标记都拷贝到纸样上，并作标记。

5 对每一片要修改的部位进行标记后，就可以进行纸样修改。对于初学者，在做任何纸样修改前，先将所有坯布上要修改的部位拷贝到每片纸样上，再修改纸样。

作标记的位置表示在纸样上需要进行修正的位置。有些缝要做较小的修改或不需要变化，而有些缝要做比较大的改变。

对很多人来说，感觉修改后的纸样不符合常理，因担心画错就想重画。如果你是在试衣过程中对不合适的位置进行了修改，并且能够很准确地将坯布上做修正的部位转移到纸样上，那么你就可以相信你做的修改是合乎逻辑的，不需要担心画错。使用这种方法进行纸样修正时，保持纸样完好无损不是最重要的，你的目的是在试穿试身样衣中能识别出不合身的部位，纸样的修改是建立在这个基础之上的。

使用尺子画顺接缝，并添加缝份

画顺净缝线

在试穿时，用大头针固定很难做到连续而平滑的别住面料，所以还要重新画顺净缝。画顺净缝是样版制作中非常重要的一步，如果生硬地过渡，那么衣服上会出现非常明显的不平整问题。对于许多纸样修改来说，能画出长且平顺的线条，会起到画龙点睛的作用。短促和不平顺的线条不会让衣服变得出彩。

因此，作标记记号，可以很好地在纸样上绘制净缝线，偶尔会有一个或两个标记记号恰好不在这

样版正反面

在纸样的哪一面制作都没有问题。你可以用纸样的正面，也可以用纸样的背面。

交叉缝

缝与前、后中缝相交时，需要特别注意交叉点的位置的画法。腰围线和领窝弧线就是很好的例子。在前中和后中处，腰围线和领口线都要垂直于前中线和后中线，这就需要先画垂直于前、后中心线的线，然后在大约1cm处开始画弧线。否则，在腰缝和领窝弧线的中间位置会出现凹角或凸角，导致腰口线或领窝弧线不圆顺。

条线上，这也是正常的。最重要的目的是画顺净缝线，而不是去连接每一个标记记号。随着制版能力的提升，你将更有信心取舍标记记号。如果你再进行其他的试身样衣制作，将会有机会在模特身上直接微调净缝线。

当你对净缝线进行了修改，那么就要做好新的线条与原有的线条的衔接，将它们一起画顺。许多商业样版，尤其是多个型号的样版，纸样上不是画的净缝线。圆顺修改后的净缝线，最重要的是将修改的线画圆顺直至没有其他问题。如果在制作时，有了新的纸样的话，那就需要在开始修改纸样之前，画出所有的净缝线。

使用多种尺子

为了让服装更合身，样版制作是需要精准度的，这也就是要使用多种尺子来绘图的非常重要的原因。例如，你无意中将八片裙的每条净缝放出1.6cm，结果裙子就会比预期的大2.5cm。还有就是胸围处净缝的弯曲程度：不精准的线条不仅会改变衣服的整体大小，也会改变胸部的丰满程度，使

衣服的外形不尽人意。因此最好选用合适的曲线尺进行精准的制版。

　　直尺和逗号曲线尺（也叫6字尺）是最常用的，还有长曲线尺和曲线板使用也方便。随着实践的增加，尺子将变成你的助手。如何圆顺净缝线，可能没办法口头上描述怎样用曲线尺来画图。但是当拿上尺子的时候，双手就会下意识地知道如何绘制，可以画出最好的效果。手和眼睛如何配合，只需多多练习就可以熟练使用它们。

　　通过曲线尺，你能画出多种类型的曲线和弧线。净缝线的微妙形态可能会大大影响服装的上身效果。例如，画一个大腿较粗女性的裙子或裤子的大腿外侧缝，只有观察其体型的特点，才能将曲线画得准确、曲率选得合适。作为样版师，需要有能力让衣服合身，还要知道怎样以他人的视角感知身型。

　　如果圆顺线条需要稍作修改，通常情况下，也有多种选择，最重要的是要思考选择何种曲线尺画出想要的弧线。如果修改的意图是要增加胸围，而使用曲线尺就会吃掉3cm或者更多的量，这就不可取。对弧线进行调整后，一要做到保持胸围的丰满度，还要使胸部弧线一直圆顺到胸以下部位，让它连续而平顺地过渡。在这些情况下，就要做好选择，如何让服装变得更合体。

画弧线的方法

　　学习使用曲线尺来绘制净缝线，往往最难的是想象接缝的形状，但也要尝试寻找曲线尺合适的部位来绘制相应的曲线形状。先徒手轻轻地绘制线条，然后再用曲线尺确定并完善线条。

观察曲线

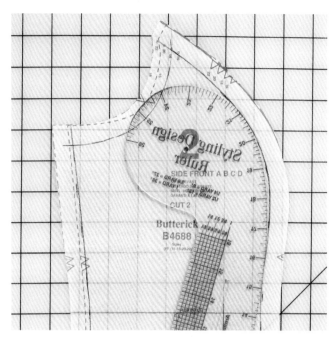

如果你不想要线条那么丰满，使用曲线尺上曲率小的部分画线。

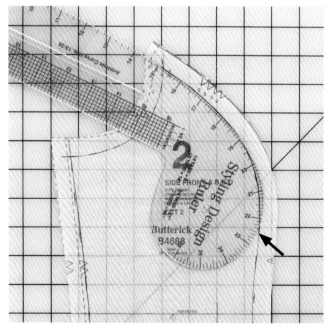

如果你想要线条显得更加丰满，使用曲线尺上曲率大的部分画线。请注意，使用此标尺时，如在箭头所指示的位置并不圆顺，需要第二次向下圆顺，然后过渡到下面的净缝线。

使用逗号曲线尺

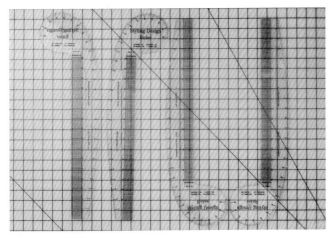

逗号曲线尺有多种功能，能够绘制多种类型的线条，其次在四个不同方向都能使用。有时连接净缝时，需要将曲线尺进行翻转。

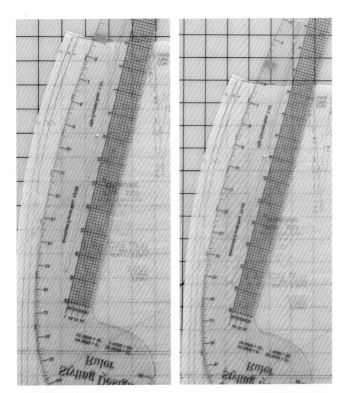

当圆顺净缝线时，通过使用曲线尺，寻找最合适的位置，往往需要反复前后滑动曲线尺，而不是拿起尺子固定在一个位置。通过移动尺寸可以找到更合适的曲线连接，这样可以提高工作效率。

使用直尺进行工作

随着实践的增多，可能会发现你更喜欢用直尺来工作。直尺的灵活性和厚度都会影响手感的舒适度。逗号曲线尺也有直线边，但它硬且厚。或许你会喜欢用5.1×45.7cm和2.5×15.2cm的柔韧性好的尺子，其增量为3 mm。这些线条形成方格，最有用的是这些线相互垂直，在检查夹角是否是直角时非常有用。

使用直尺来绘制水平线、布纹方向线和前中线，以及其他需要绘制直线的净缝线，都是非常方便的。这些灵活的方格尺子能精准测量和标记缝份。

用尺子圆顺净缝线

延长和做小小的圆顺，摆放逗号曲线尺时让尺子尽可能靠近线条，就可以圆顺该线。绘制一段较长的连接线，通常需要对部分缝线稍做修改。反复用尺子查看线条是否合适。以下图片展示了这个过程。

连接接缝

在连接接缝时要深思熟虑，合乎逻辑，但要有效率地工作，不要太纠结怎么画。在做新的试身样衣时，还有机会对其进行微调。上身试衣时，也很容易看到需要做哪些修改。

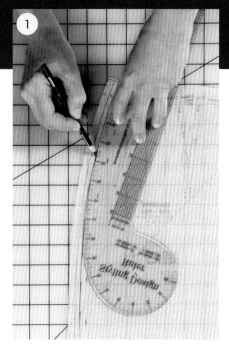

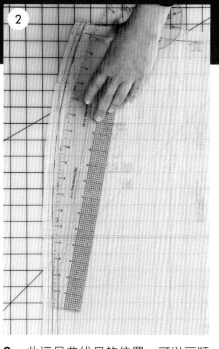

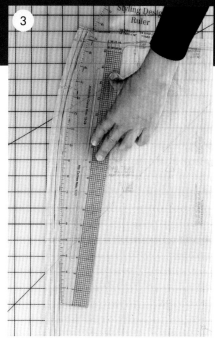

1 许多纸样不包含净缝线，需要在所有最初净缝线的位置画出净缝线。

2 此逗号曲线尺的位置，可以画顺靠近腰部所作的新的标记，但是与下面的直线部分（红色标记）的过渡并不好。

3 相比较而言，此曲线尺的位置和新侧缝的前几个标记点做到了很好的圆顺。一旦将过渡部位圆顺，剩下的相对就很容易画顺了。

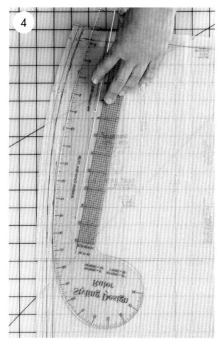

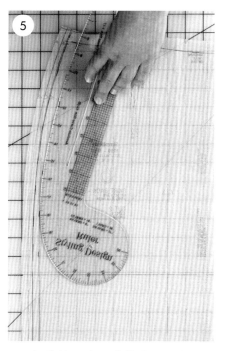

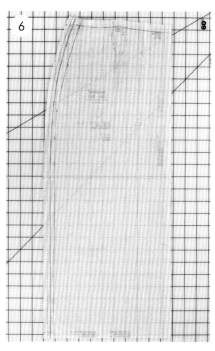

4 曲线尺的位置是可以的，但它并不能体现臀部的丰满度。

5 相比较而言，此曲线尺的位置体现了臀部的丰满度，并能很好地连接到下面的净缝线。

6 画顺的新净缝线（红色）。

添加缝份

微调净缝线之后，添加缝份。缝份的宽度由纸样师来决定。对于不同的服装或同一件服装的不同部位，可以选用不同的缝份，但要清楚地标记出来。

1 对于垂直的净缝线，用尺子测量缝份，精准绘制裁边线（蓝色）。

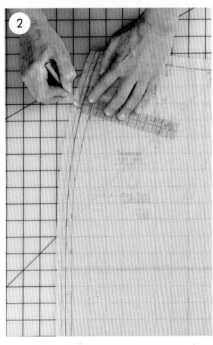

2 弧线，通常情况下最好先用一系列标记点标记缝份。

在方格板上工作

在网格切割面板上可以很好地进行纸样工作。网格能帮助你更精准地对纸样进行调整，并很直观地看到纸样上的轴线。

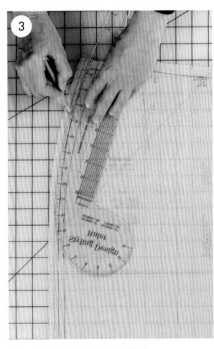

3 用曲线尺圆顺裁剪线。

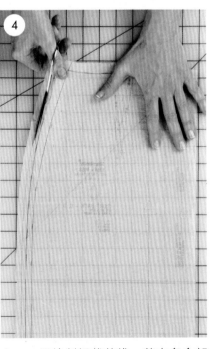

4 一旦绘制好裁剪线，剪去多余部分即可。

加长和改短纸样，画经向线
加长和改短纸样

　　加长还是改短纸样的长度最好在需要修改的位置或者在该位置附近做修改。通常情况下在水平对标线上下进行修改，这样做的目的是可以以水平对标线来作为参照线。

　　长度调整的两种类型：对称调整修改纸样，纸样两边调整的长度相同；不对称调整，纸样的两边调整的长度也就不同。长度调整后，要画顺纸样两侧的缝。

准确画褶

　　通过褶的方法调整纸样长短的话，要保持纸样平整和准确，纸样裁剪后用胶带粘贴纸样，而不是将纸样直接对折。

对称调整：加褶和展开

　　对称调整可以通过加褶来改短纸样的长度，通过平行展开来增加纸样的长度。画平行于水平对标线的线，更容易做到对称调整。

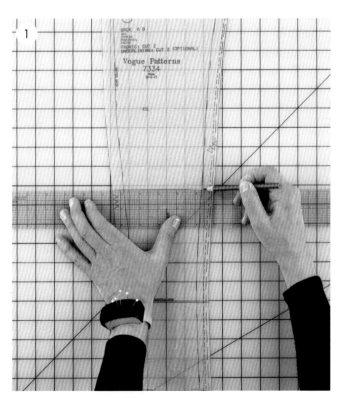

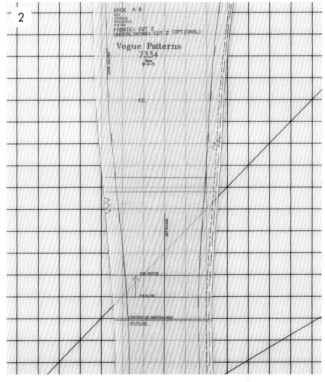

1 标记纸样上要调整的位置，使经向线与网格线重合，并让标记位置位于网格交叉处，借助网格画出第一条调整线。

2 如何改短纸样的长度，作平行于第一条调整线的直线，两条平行线间的距离就是要改短的量。

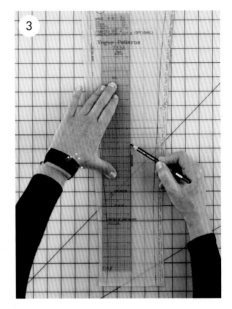

3 延长纸样的经向线，使得两侧均有经向线。

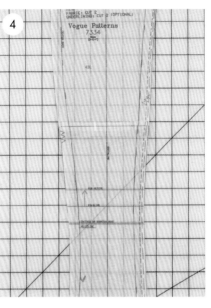

4 先沿着一条平行线把纸样剪开，对齐纸样使这两条平行线重合，并保证上下两片纸样上的经向线在同一条直线上，最后用胶带将两片纸样粘贴在一起。

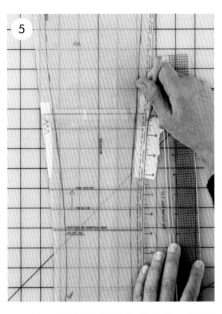

5 修正两侧的净线和裁剪线。这个案例中，纸样的后中净线和后公主线都需要细微修正。

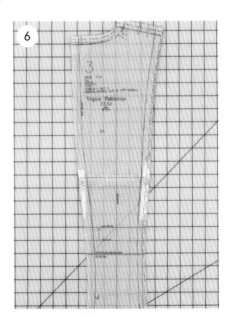

6 纸样制作完成。

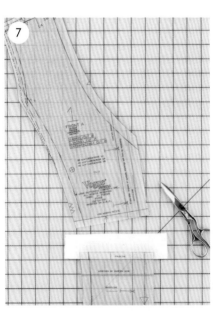

7 通过展开加长纸样。沿着调整线剪开纸样，在任意一片纸样上粘贴一张纸。

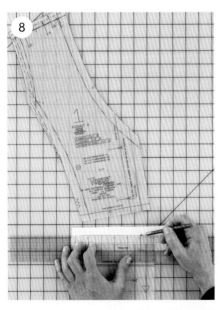

8 在粘贴的纸上画一条平行于调整线的直线，两条线间的距离就是要加长的量。

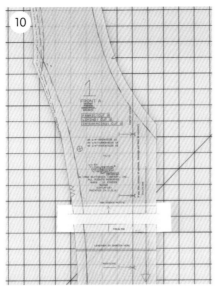

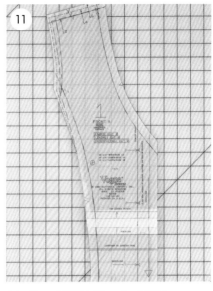

9 将经向线延长到粘贴的纸上。在这里，经向线太靠近纸样边缘的净线，不容易识别，通常的做法是将前中心线作为经向线。

10 将两片纸样的经向线对齐，并粘贴在一起。

11 修正两侧边缘，完成纸样。

不对称的修正：切展楔形与闭合楔形

　　如果是不对称修正，可以采用一个楔形对纸样进行加长或者改短处理，纸样两侧必须都有分割缝线才可以使用楔形的方法进行修正。如果纸样的一侧是前中心或者是折边，就不能通过切展楔形与闭合楔形的方法来做修正。因为这样的变化会导致纸样的两侧都发生弯曲变形，而前中心或者折边必须是直线形式。

　　若想要用楔形的方法进行处理，则先将楔形从坯布样衣拷贝到纸样上，楔形的一边不需要平行于水平对位线或者垂直于经向线。

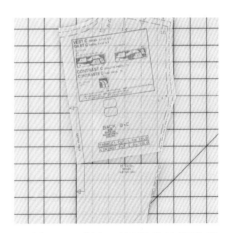

示例： 不可以在对折线的位置进行楔形处理。

不常见的曲线形前中心缝线

　　有些特立独行的服装会设计出一条弯曲的前中线。这种情况下，前中线处用楔形的方法处理。

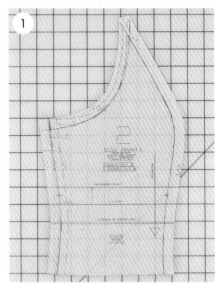

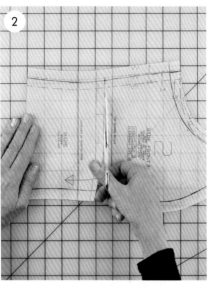

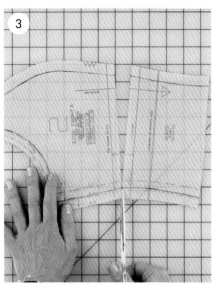

1 当纸样用切展或闭合楔形的方法进行处理时，先在纸样两侧的净线上标记出相应的位置，再使用直尺连接两个标记点。需要注意的是：在净线上而不是裁剪线上标记出其位置。

2 采用切展的方法来加长纸样，需要从加长的纸样一侧开始，用剪刀沿着第一条调整线剪开，一直剪到纸样另一侧的净线，注意与净线之间稍稍留一点点距离。

3 从纸样标记线的另一端裁剪线开始剪到净线，注意不要剪断，让纸样留有一点点连接处。

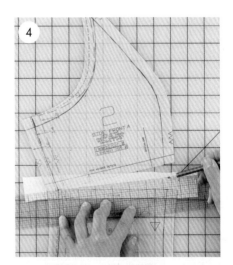

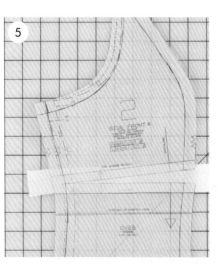

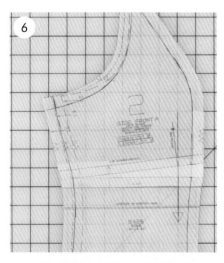

4 沿着剪开线将纸样展开，并在该位置的一侧粘贴一张纸。在粘贴的纸张上标注出需要展开的大小，此处展开量为1.6cm，画出第二条调整线。

5 将纸样的另一侧与第二条调整线对齐，用胶带将其黏住。粘贴完成后的纸样要保持平整。

6 修正纸样两侧的净线与缝份。

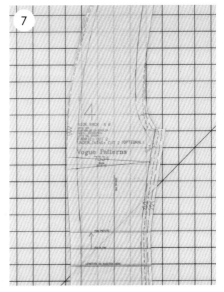

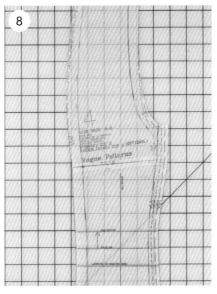

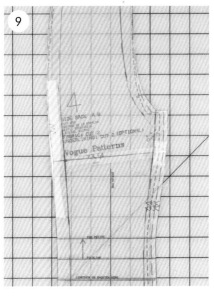

7 采用闭合楔形的方法来改短纸样的长度。从需要改短长度的纸样一侧，先沿着净线测量出需要闭合的量，并标注两点的位置，将这两点分别与纸样另一侧净线上的端点连接，画出楔形的形状。

8 与上述切展步骤类似，将纸样一侧剪开，旋转纸样将两条标记线对齐，保持纸样平整，用胶将纸样粘贴在一起。

9 修正纸样两侧的净线与缝份。

楔形处理后，纸样下侧的经向线延长至上侧，重新标注纸样经向的方向。

经向线

纸样进行切展楔形或闭合楔形处理后需要重新标出经向线，人们通常将下侧纸样的经向线延长到上侧纸样。具体原理可以参考格子裙，由于裙子的底摆必须平行于地面并垂直于经向线，因此水平对位线以上的裙子部分允许偏离丝缕方向。

对于紧身服装，其上侧衣片稍微偏离丝缕方向有助于服装的合体性。这是因为，如果面料稍微偏离丝缕方向，则做出来的服装更加符合人体曲线。

但是，当对袖子进行经向线修正时，经向线需要从袖山往下延伸，即保留袖子上侧的丝缕方向。就长袖而言，袖子下侧稍微偏离丝缕方向，袖子形状更加符合手臂的自然弯曲。

相邻纸样的修正

对于相邻的两片纸样，如果对其中一片纸样的长度进行修正，那么另一片纸样的长度也需要进行修正，以保证两片纸样的长度一致，这在纸样修正过程中十分重要。人们通常通过折叠与楔形相结合的方法对纸样长度进行修正，如下图所示。在服装展示图片中，可以发现服装的很多部位都会运用折叠、切展或增大省道开口等处理方法。

对带有公主线的上衣后片进行改短处理时，应该先对后中片纸样进行平行闭合，再使用一个楔形方法对后侧片进行闭合，当纸样修正后，侧缝净线长度无任何变化。

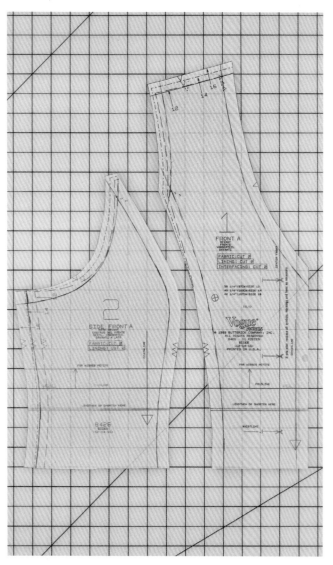

平行展开与楔形**展开之前**。

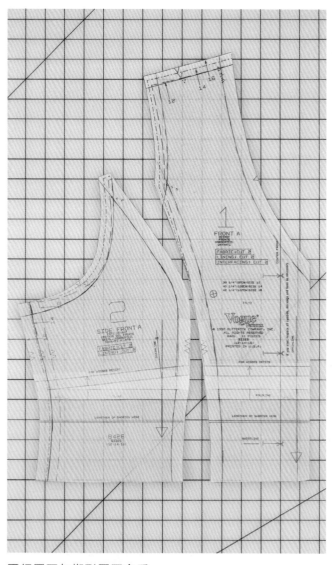

平行展开与楔形**展开之后**。

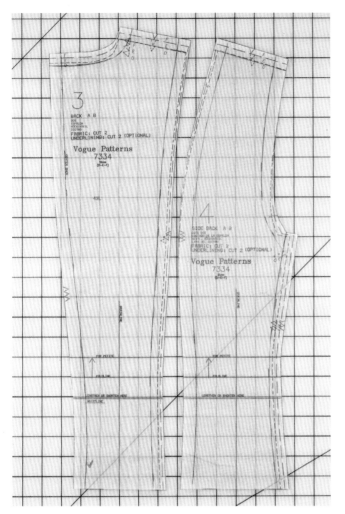

平行闭合与楔形**闭合之前**。

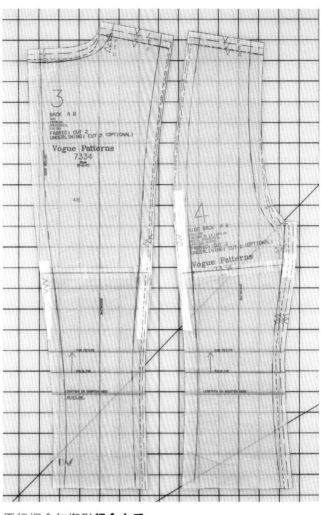

平行闭合与楔形**闭合之后**。

纸样对合与修正

　　两条需要缝制在一起的净线，其长度应该保持一致。除非有特殊原因需要它们的长度不同，比如缝制过程中需要拉伸或做缩缝处理。两条净线均是直线的话，比对它们的长度相对比较容易，如其中一条净线为曲线或者两条都是曲线的话，比对它们的长度就比较难。为了准确地比对两条净线的长度，需要对纸样进行"对合"。对合净线并调整其长度达到一致的过程叫作"校对"。

　　当对合两片相邻纸样时，应该以净线为对合的依据，而不是缝份及裁剪线。如果使用的纸样没有给出缝份（许多纸样均不标注缝份），请务必注意，纸样的边缘线有可能就是净线。

从哪里开始对合纸样的净线

若纸样上的净线与一条水平对位线相交于一点，则将该点当作对位点，从该点开始对纸样进行对合。以紧身上衣的侧缝净线为例，先对合水平对位线至袖窿弧线间的净线，再对合水平对位线至底摆的净线。

若纸样上没有水平对位线与净线相交，则从刀眼开始对合。以肩线为例：先从刀眼对合纸样至领口线，再从刀眼对合纸样至肩端点。

若纸样上不存在对位点，则需要先确定对合的起始位置。通常可以从服装底摆的净线处开始，由下至上进行纸样对合，或者从净线的外侧开始，由外至内进行纸样对合。

对合纸样

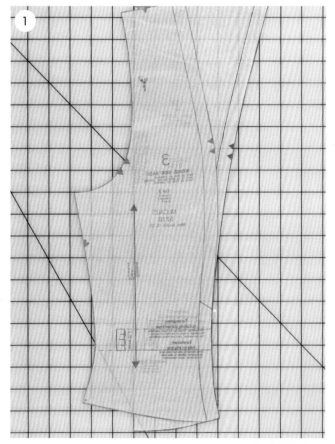

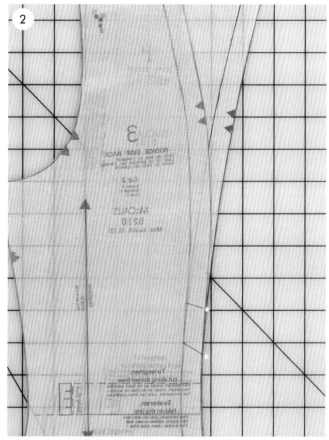

1 将两张纸样重叠在一起并重合净线，用大头针插在对位点（此处指水平对位线与净线的交点）处固定住两张纸样。从水平对位线至底摆对合两片纸样的净线，其长度需要完全一致。

2 在两条净线分离的位置也插入一根大头针，此时，两条裁剪线也会分离。

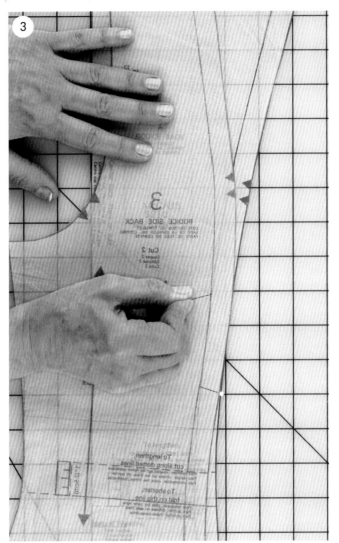

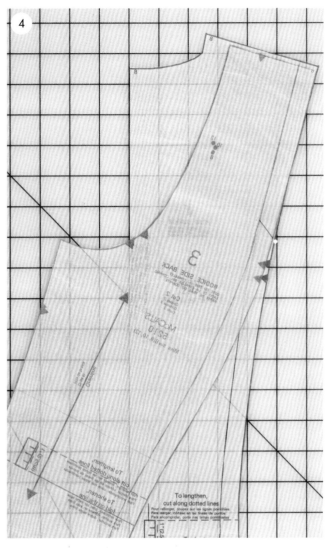

3 取走第一根大头针，旋转上侧的纸样，使净线从第二根大头针处开始对齐，在净线分离的位置再放置一根大头针。重复以上步骤，直到净线全部对合完成。

4 在这个案例中，两片纸样的刀眼对位一致。当净线对合完成后，两片纸样的净线长度不同。此处，下侧纸样比上侧纸样长大约3mm。

如何处理有差异的净线

若两条净线的长度有差异（这个差量既不是缝缩量又不是拉伸量），那么就需要考虑并决定调整哪一条净线。需要考虑净线调整后对服装合体性的影响。例如，纸样的肩线长度不一致时，如果想要加大服装的横开领，则剪掉多余的纸样部分；如果想要让服装的领口弧线更加贴近脖颈，则要加长纸样。

如果两片纸样的净线长度差值大于或等于1.2cm，建议将差值分开处理，即将偏长的纸样缩短6mm，偏短的纸样加长6mm。

通常可以制作样衣来检验纸样修正的合理性，这也是一个机会检查前期做的纸样是否更加合体。

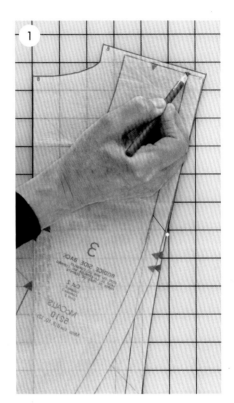

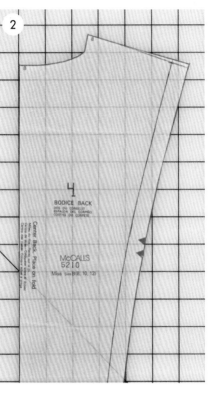

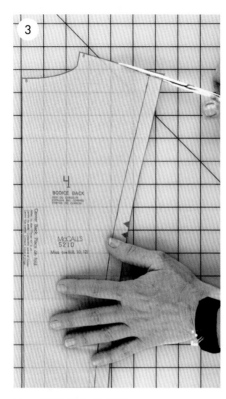

1 以前面的纸样为例，对合纸样净线后，发现下侧纸样比上侧纸样长3mm，则剪掉上侧纸样多出来的部分。在下侧纸样上标记出净线差量，通常应该将标记画在净线上，但此处的差量较小且易于分辨，因此可以直接在裁剪线上标记。

2 画顺新的肩缝裁剪线，从肩端点至颈侧点方向修正裁剪线。这个例子中，只需要修正公主线这一侧。

3 剪掉多余的纸样。

保证纸样的精确性

制作纸样时，要尽可能地减少纸样的误差，并把误差控制在1.6～3.0mm。虽然可以根据实际情况确定纸样的误差量，但精确的纸样会缩短服装制作时间。

对合有省道的纸样

　　当校对有省道的纸样时，由于在两衣片缝合之前，省道已经缝合了，因此纸样对合时应该略过省道部分。当然也可以在对合纸样之前将省道折叠起来对合，但这样会让纸样变得不平整，给对合过程带来不便。

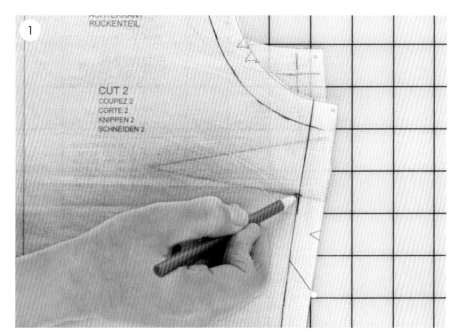

1 将没有省道的纸样放在上面，有省道的纸样放在下面，从纸样净线底端对合纸样至省道下侧的边，并在上面纸样的净线上标记出省道下侧边对应的位置。

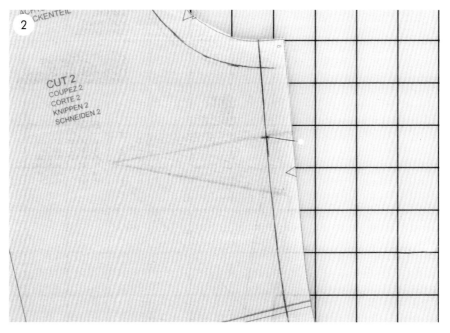

2 移动上面纸样，将标记点与省道上侧的边对齐，然后对合纸样净线至线末端。

标记和增加刀眼

刀眼是服装缝制中用于衣片定位的一种工具，如果将衣片缝合比作拼图，许多衣片要拼合到一起，那么刀眼可以帮助人们将这些衣片正确地拼合到一起。同样地，刀眼在纸样制作过程中起的作用不可小视。

刀眼的使用也有一些惯例，比如，在袖子的纸样上打一个刀眼表示袖子前面，打两个刀眼表示袖子后面，与之对应的在衣片的前袖窿弧线及后袖窿弧线上分别打一个刀眼和两个刀眼。商业纸样上如何使用刀眼，大家都达成了共识。当你在操作纸样时，会发现有些服装上需要的对位刀眼较少，而有些服装上需要的较多。记住，刀眼只是工具，可以根据自己的需求使用它们。

刀眼主要有两个作用。一个是用来分辨相邻的衣片。当两片或者更多衣片较为相似或者一件服装有较多衣片时，刀眼可以帮助人们进行分辨。例如，带有公主线的裙子纸样上刀眼的位置和数量可以帮助识别裙片，从而避免将错误的裙片缝合在一起。另一个作用是控制服装的缩缝量，这个作用将在下一章中详细讨论。

在纸样上增加刀眼

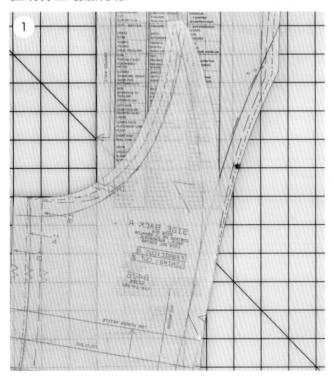

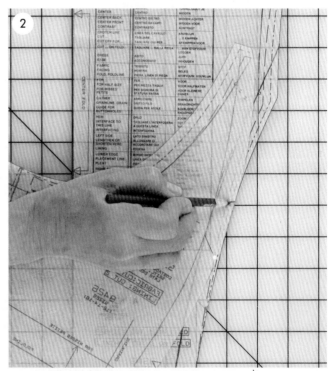

1 在纸样上增加一个新的刀眼标记：先在一片纸样上标记出刀眼的位置，再将两片纸样重叠在一起，并对位已有的两个刀眼。

2 对合纸样到新的刀眼处，并在上侧纸样上标记出刀眼位置。

控制纸样缩缝量

　　某些情况下，当两条净线的长度不同，即一条净线比另一条净线稍长一些，这样可以改善服装的合体性。将纸样多出来的长度叫作"缩缝量"，在缝制过程中，将这些缩缝量进行缝缩，最终使两条缝的长度相等。例如，就带有公主线的紧身上衣而言，前侧片的公主线比前中片的公主线稍长一些，此缩缝量有助于使服装造型更加符合胸部的形状。当衣片上存在缩缝量时，刀眼的位置标记着缩缝的起始位置。

　　除此之外，裤子的后内缝通常比前内缝短。在缝制过程中，拉伸后内缝有助于裤子更加贴合臀部曲线。只有画出合理的刀眼位置，才能精确地拉伸后内缝。

调整缩缝区域

　　如果要调整纸样的缩缝区域，可以采用刀眼来控制缩缝量的分布。如图所示，对于相邻纸样上的前公主线，水平对标线向上至下侧刀眼及袖窿弧线向下至上侧刀眼之间的净线长度一致。对合刀眼之间的纸样净线后，发现前侧片净线比前中片净线长1cm，即缩缝量为1cm。

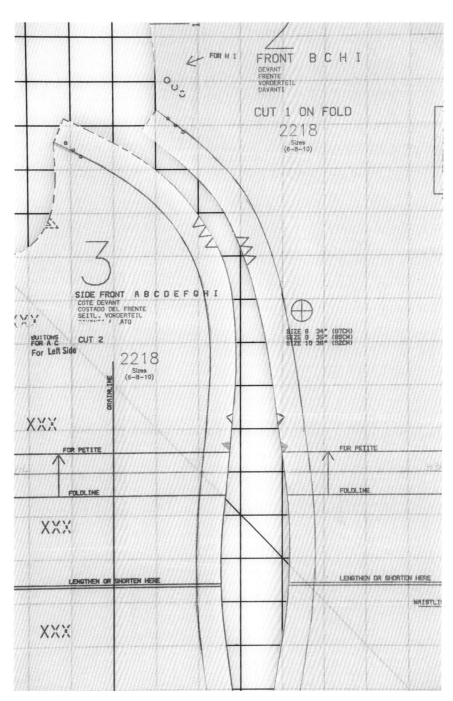

同时调整相邻纸样上的刀眼位置，可以增大衣片的缩缝区域，从而改善服装的合体性。例如，将上图纸样上的下侧刀眼均向下移动1.3cm，虽然纸样的缩缝量区域变大了，但总的缩缝量仍然保持不变。

移除缩缝量

商业纸样上给出的缩缝量有时会多于实际的需要。例如，对有公主线的紧身上衣，小的乳房比丰满圆润的乳房所需的缩缝量要小，而且有些服装不需要缩缝量就可以非常合体。除此之外，一些织物如塔夫绸和丝光棉较难进行缩缝处理，遇到上述情况时，就需要减少或者去除缩缝量，并修正纸样以增加服装的美观性。

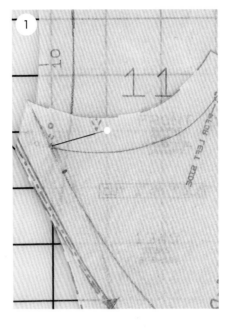

1　将有多余缩缝量的纸样放在上侧，从刀眼位置对合净线至缩缝结束的位置（此处为袖窿弧线）。对合结束后，在上侧纸样上标记出下侧纸样净线末端的位置（红色标注）。

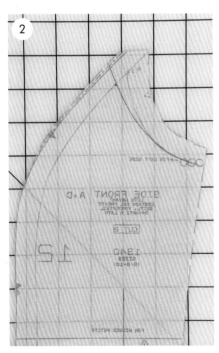

2　修正上侧纸样，画顺新的净线。

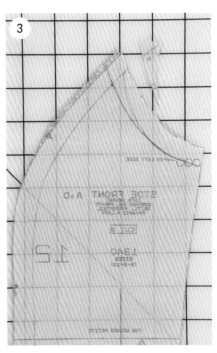

3　按新的净线修正缝份，并沿着修正的裁剪线将多余纸样剪掉。

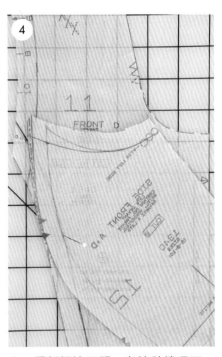

4　重新标注刀眼。在这种情况下，只需要重新定位前侧片纸样上靠近袖窿弧线的刀眼位置。从袖窿弧线位置开始对合前侧片与前中片纸样，直至前中片纸样的刀眼，并在前侧片纸样上作出刀眼标记。

校对复杂净线

有时候，对合两片纸样到净线末端时，尤其是两条净线的形状存在较大差异，就会发现在对合两片相邻纸样时很难判断纸样的轮廓线的形状。这种情况常出现在袖窿公主线及比较尖的位置，商业纸样通常用方块化的缝份或者在净线的末端标注一个对位点。无论如何，精确地校对并修正纸样可以简化服装缝合过程。

当还不清楚两片相邻纸样缝合后的样子时，可以通过"拼接"纸样模仿其缝合的样子，如图所示。

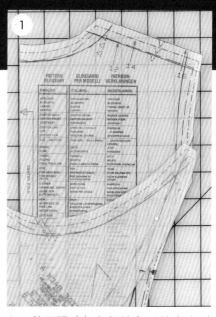

1 从刀眼（红色标注）开始向上对合后片公主线至袖窿弧线，会发现很难判断两条线缝合在一起后的样子。

拼接纸样

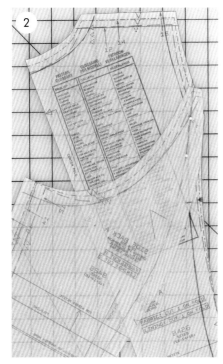

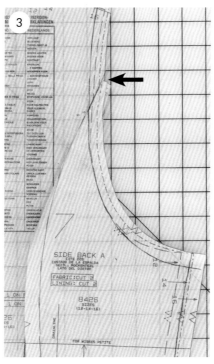

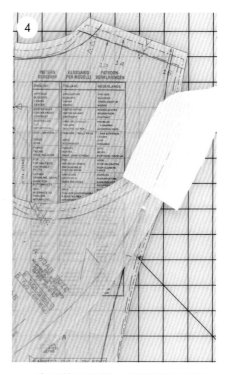

2 为了弄清楚前述的两条线的缝合情况，用大头针将纸样固定在一起，如果净线曲率比较大的话，那么就固定住纸样上侧的几厘米。

3 沿净缝线向内折叠后侧片纸样，就可以知道纸样缝合后的样子。此处，如箭头所指，可以看到后侧片纸样上有一个缺口。

4 为了修正纸样，在后侧片纸样上粘贴一张纸。

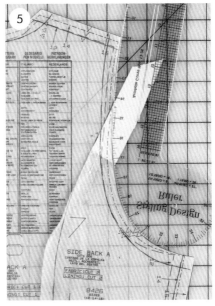

5 再次向内折叠后侧片纸样。为防止纸样移动，用大头针将其固定住。画顺净线，补全纸样上缺口的部分。

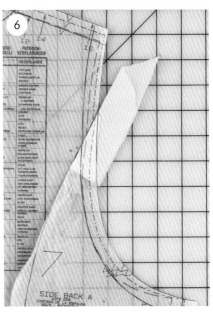

6 添加缝份（蓝色标注）。

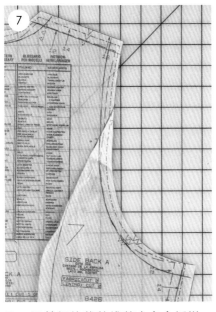

7 沿着新的裁剪线剪去多余纸样，袖窿弧线修正完成。

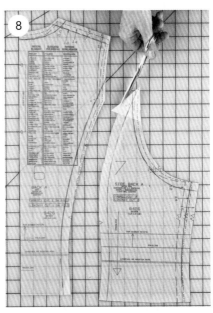

8 取下大头针，沿着公主线剪掉多余的纸样。

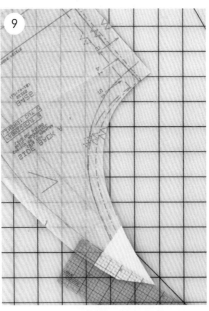

9 纸样的公主线上端看起来有点怪异，与常见的商业纸样不同，但当你在纸样上放置一把放码尺时，就可以清晰地看出净线。

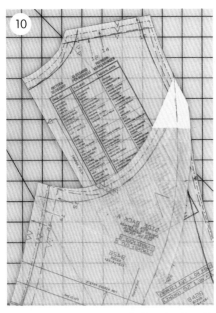

10 此时的公主线在缝合后就会完美对合。

移动净线位置

如果样衣的净线位置需要调整，可以采用两种方法在坯布上进行处理。一种是拆开缝线在样衣上别合出新的净线位置；另一种是重新画一条新的净线。在这两种情况下，都需要添加刀眼标记来提高纸样的精确性，具体示例如下。

在样衣上别合出净线位置

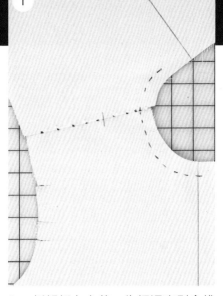

1 拆解坯布之前，先标记出别合线（黑色标注）并做一个新的刀口线（绿色标注）。在刀口线的位置画一条垂直于净线的短直线，短直线在相邻的两片纸样上要清晰可见。

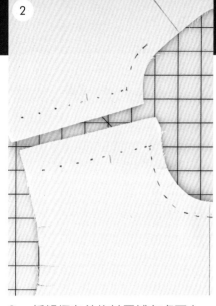

2 拆解坯布并将其平铺在桌面上，熨烫平整。

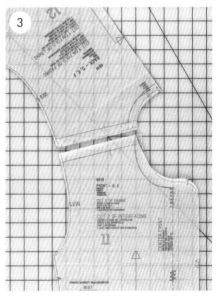

3 将新的净线位置（红色标注）与刀口线（红色标注）拷贝到纸样上，调整缝份，并根据新的裁剪线剪去多余纸样。

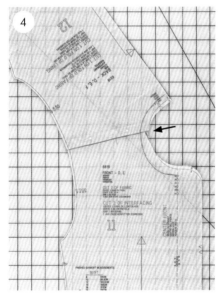

4 将纸样拼接在一起来修正领口弧线：先沿净线将缝份折倒，再将该纸样的肩线与另一片纸样的肩线对齐，注意对齐对位标记线。用大头针将这两片纸样固定在一起，此处领口弧线的净线圆顺，但裁剪线有一些缺口。

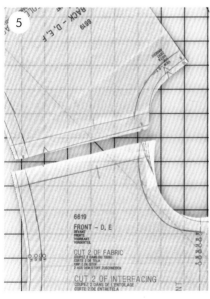

5 为了修正裁剪线，在前片纸样的肩端点处添加缝份：连接并修顺领口弧线与袖窿弧线，添加缝份，这是样版完成的样子。

在样衣上画出净线位置

请注意，下图样衣已沿前中线折进。

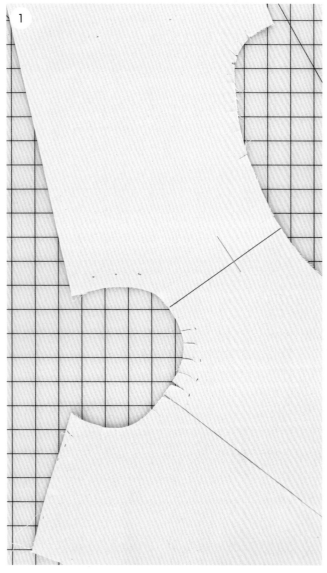

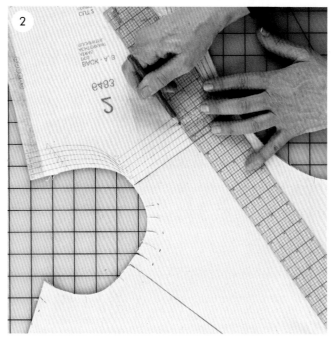

2 在将新的净线拷贝到纸样上之前，延长坯布上的对位标记线至纸样上。

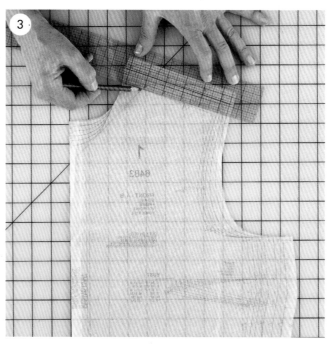

1 在试衣过程中，新肩缝的净线的位置已经用蓝色线画出，测量肩缝的原始净线与新净线间的距离，发现该肩线在袖窿弧线及领口弧线处分别向前移动了1.6cm和1.9cm。在坯布上标记刀眼线（绿色标注），该对位标记线与新的肩线垂直相交。

3 重新确定前肩缝，测量并标记出新的肩缝的位置，用放码尺画出新的肩线。

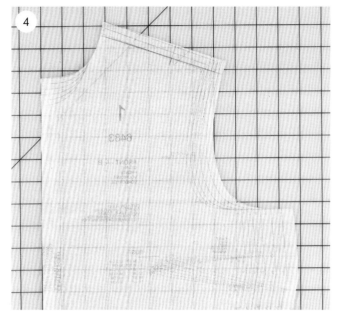

4 添加前片肩线的缝份：延长对位标记线使其与裁剪线相交，沿着裁剪线剪掉多余纸样。

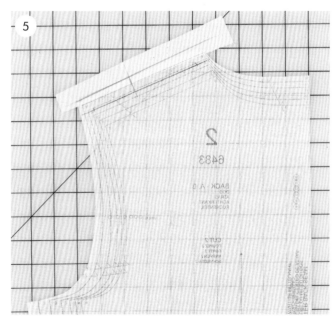

5 由于后片纸样的肩线需要向前移动，因此需要在纸样上粘贴一张纸。测量肩线移动的距离并在纸上标记出肩线（红色标注）的位置，添加缝份，延长对位标记线，沿着裁剪线剪掉多余纸样。

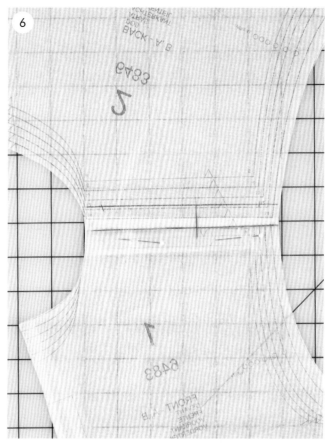

6 通过拼接纸样来修正领口弧线和袖窿弧线：沿着肩线折叠一侧纸样，根据对位标记线的位置将两片纸样对齐。请注意，由于纸样的肩线位置发生变化，因此对位标记线的位置也应该随之变动，此处应选择新的对位标记线位置进行纸样拼接。修正净线与裁剪线，沿着裁剪线剪掉多余纸样。

纸样修正小技巧

　　如果净线既需要放缩又需要移动，那么建议分步进行。例如，若肩线既需要收缩又需要移动，则先收缩修正纸样的肩线，再调整纸样的净线位置，有条不紊地进行纸样修正，可以防止出错。

省道转移

了解平面纸样的省道处理相关理论对省道转移是有帮助的，省道转移可以改善服装的合体性和美观性。在试穿过程中，如果样衣的局部宽松量过大，在转移省道时，可以通过增加省量的方法，使得服装更加贴合人体。除此之外，还可以根据服装需求，确定转移省道的位置。

省道转移之后，虽然服装的合体性在理论上是没有任何变化的，但仍然需要制作样衣来进行检查与微调。

在试衣过程中，可以采用立裁的方式来移动省道的位置，详情请参考第10页。人们通常采用两种方法来进行省道转移，一种是在样衣上通过立裁得到省道，另一种是在纸样上转移省道。有些人喜欢其中的一种方法，更多的人两种方法都喜欢，可以根据实际情况选择最适合自己的方法。

省道转移通常以一个顶点为基准点，省道围绕该点进行旋转从而实现省道转移。在一些简单的省道转移中，也可以将省尖点作为省道转移的基准点，如右图所示。

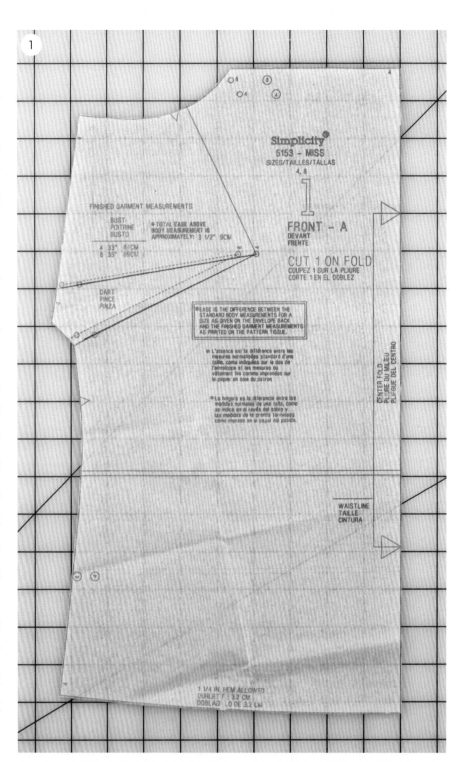

1 标记出新的省道位置（红色标注），此处将胸省从侧缝转移到袖窿。

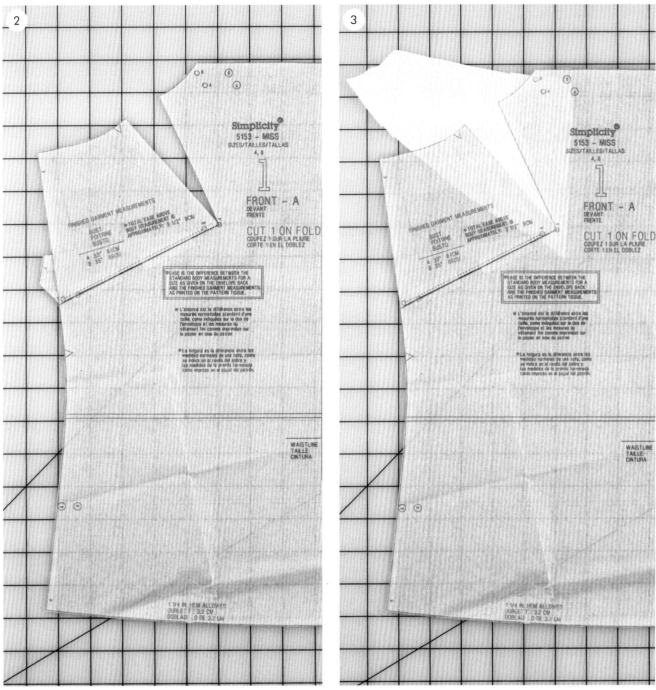

2 剪开侧缝省（可以沿着省道的任意一条边剪开，也可以从省道中间剪开）至省尖点，同时沿着新标记的袖窿省道线剪开至省尖点，剪切过程中注意与省尖点留有一点点距离。合并粘贴侧缝省，得到袖窿省。

3 剪掉侧缝省处多余的纸样，在袖窿省处粘贴一张比省道大的纸。需要对省道进行修正，这将在下一章节中讨论。

校准省道的两条边

　　校准省道使其两条边的长度相等。在校准省道时，省道的两条边之间会向外延伸，延伸量与省道的倒向有关。校准好省道不但便于省道的缝合，还能提高其精确性。

　　当校准纸样上的省道时，按照其在样衣上的倒向将省道折倒。通常，垂直方向上的省道，比如腰省和领口省，均倒向服装的前中或者后中方向；水平方向上的省道，比如侧胸省道和肘部省道，均倒向服装底边方向。

　　确定省道的倒向之后，压平省道。如果省道倒向服装底边，则根据省道下侧的边修正省道；如果省道倒向服装中心方向，则根据靠近中心线一侧的边修顺省道。

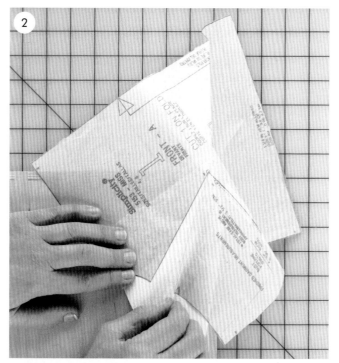

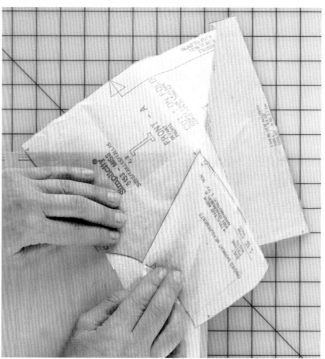

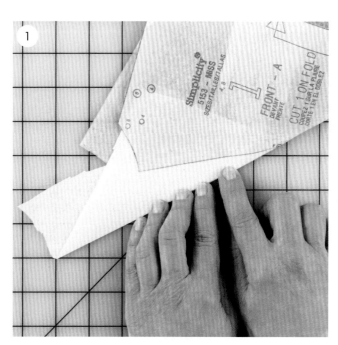

1　根据省道的一条边折叠纸样。

2　以省尖点为基准点旋转纸样，使省道的两条边对齐。可以利用桌子角进行操作，把省尖点放在桌子角上，悬空其余纸样，用大头针或者胶带临时固定住省道。

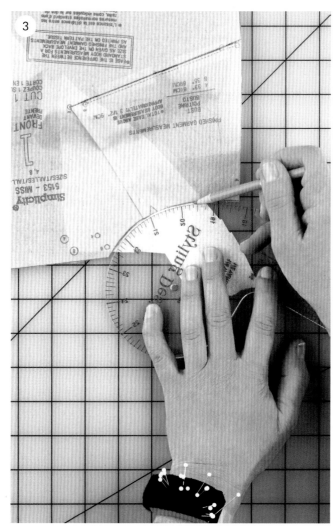

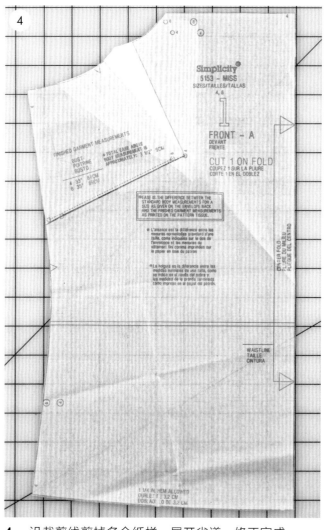

3 将纸样重新放在桌子上，并使省道平铺于桌面，修正省道部分的袖窿弧线，此处只需修正裁剪线即可。

4 沿裁剪线剪掉多余纸样，展开省道，修正完成。

曲线形省道

　　两条边是弯曲的省称作曲线形省道，虽然曲线形省道有助于改善服装的合体性，但其修正过程有些难度。因此，在修正此类省道时，可以先用放码尺大致地标记出省道的位置，再逐渐画出曲线形省道或者在纸样上作标记。

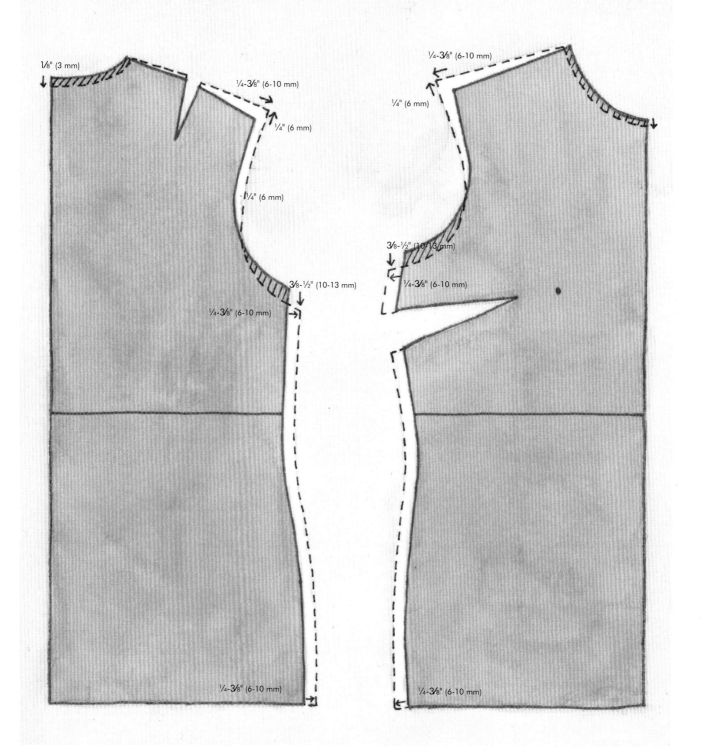

1⁄8" (3 mm)

1⁄4-3⁄8" (6-10 mm)

1⁄4" (6 mm)

1⁄4-3⁄8" (6-10 mm)

1⁄4" (6 mm)

1⁄4" (6 mm)

3⁄8-1⁄2" (10-13 mm)

3⁄8-1⁄2" (10-13 mm)

1⁄4-3⁄8" (6-10 mm)

1⁄4-3⁄8" (6-10 mm)

1⁄4-3⁄8" (6-10 mm)

1⁄4-3⁄8" (6-10 mm)

将衬衫的纸样放大为夹克衫的纸样，或者将夹克衫的纸样放大为大衣的纸样，如图做出调整。若将衬衫纸样放大为大衣纸样，需将图中尺寸扩大2倍。相同的道理，这个尺寸也可以用来将纸样缩小。

纸样放缩的比例

在很多试衣的例子中，都是将服装的整体廓型尽量接近于人体曲线，服装合体指的是服装平服不紧绷，这对所有关于合体性的问题都是通用的。对于宽松风格的服装，很难区分是不合体的问题或者太宽大的问题。

如果试衣者想要在试穿的衣服里面穿某一件衣服，那么需要让他在整个试衣环节中，都穿着这件衣服。更多信息请见第31页。

如果有一个合体性很好的纸样，就可以根据这个纸样，很容易按一定的规则将该纸样放大或缩小。例如，可以将衬衫的纸样放大成夹克衫的线样，或者将夹克衫的线样缩小成一件衬衫的线样。至于怎么做到这一点，详见下一页的说明。

带有公主线分割的服装，首先变化的是服装的围度。为了让服装宽松点，可以在公主线处分别加入0.2cm的松量。

有效的工作顺序

按照什么顺序更改纸样，在开始时可能不知所措。为了简化这个过程，在每次制作样衣时，限制调整的部位数。每次调整纸样，改变三个或者四个部位要比调整十个或者十二个部位容易得多。

限制每次修改纸样的部位数，意味着需要做更多件样衣，看起来是多做了工作。然而，通过制作多个试身样衣的这种方法，可以检查出刚刚做出的调整是否有效，更容易看出其余的不合身问题。

还有，最有效率的方法是先调整纸样内部，然后再对纸样的外轮廓进行调整。如果采用不同的顺序调整纸样，也没有关系，最后得到的效果可能是一样的。但是，可以发现，调整顺序的不同会造成曲线、接缝的调整不止一次，而且可能会有更多的纸屑黏在纸样上。

在调整纸样的过程中，获取经验和自信，养成自己的工作习惯，以便于更好地掌握纸样。记住：整洁有序的工作比按部就班更重要。

调整纸样的通常顺序

1　调整长度，如增加水平褶和楔形。
2　调整围度，包括调整垂直方向的分割线、胸省的大小和腰省。
3　调整肩缝和侧缝的位置。
4　比对省道两条边的长度。
5　微调颈部、袖窿和腰部线条的位置和形状。
6　如果以上都不需要做，那么修顺各条净缝线。
7　对合和校对拼接缝。
8　测量缝边的宽度并画裁剪线。
9　沿着剪切线剪开。

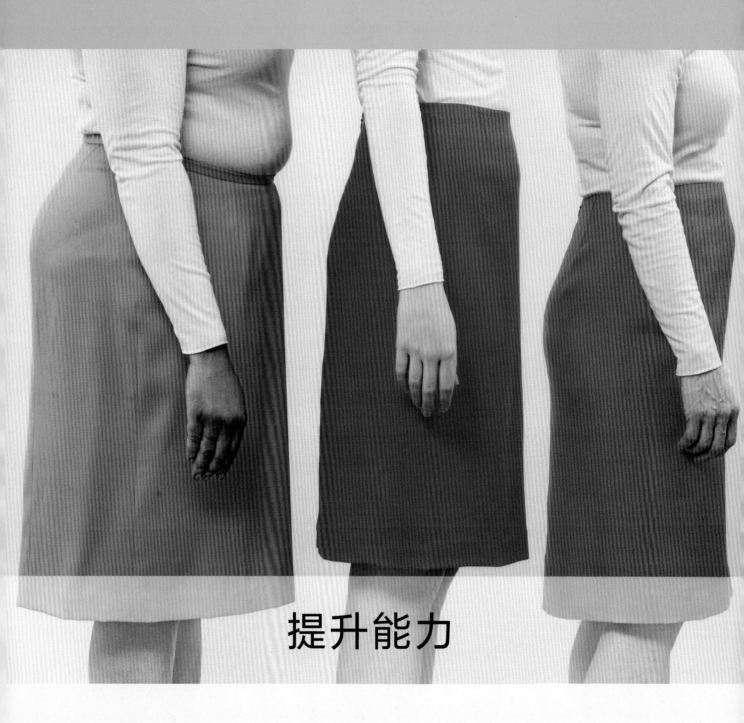

提升能力

关于试衣讲述了两个方面：一是试衣的全过程；二是针对个体差异对纸样进行修正的过程。为了解试衣过程并提升试衣能力，请通读所有步骤。

试衣过程

本章展示了六款不同服装试衣的整个过程，这对于学习试衣流程很有帮助。根据服装类型进行了分类，选用的服装造型线也是常见的，如样衣的侧胸省和公主线。试衣模特选择大众体型，而不是完美身材。

下一章将介绍如何将相同的样版应用到不同体型的人体上，根据人体不同部位进行处理，并对试衣过程出现的一系列典型问题进行说明。试穿裤子出现的特殊问题将在另一章中单独介绍。

虽然这三章以循序渐进的方式编写，但并非每种体型在每一步都适用。试衣时，最重要的是观察服装与人体的合体程度，并解决每个人出现的试衣问题。以下情况是所有可能出现的试衣问题实例，但并非每一步都适用，为使服装合体，需要根据实际情况进行选择。通过这些实例学习，将有助于培养识别和解决试衣问题的能力。

书中特意选择了较新颖的版型作为实例，试衣过程都是真实的。或许有处理特殊版型的"怪癖"，但这是试衣非常真实的一面。即能让所有体型的样衣都做得合体，但总有些样衣更容易合体，有些样衣更容易做得漂亮。经过所有过程的学习，使服装合体便不是一件难事。

裙装

直筒裙是最容易合体的服装，从概念上讲它是最简单的服装。想象裙子的面料是格子的，这有助于在脑海中建立试衣坐标轴，这对其他服装试衣也很有用。

造型/试衣注意事项

直筒裙试衣时，最好是将裙子固定在腰部最细处，也就是人体的实际腰围处。如果你也像大部分女士一样喜欢低腰裙，则需要在腰部合体之后再进行风格上的变化。裙腰位于人体的自然腰部，裙子在身上就不容易移位，较好地贴合人体。如果裙腰在腰部比较低的位置，那么在试穿过程中裙子通常会在身体上移动。

前腰省通常用来缩小臀腰差而使裙子更合体，在以下过程中，前省并不讨人喜欢，可以移除。

裙腰无论是采用装腰还是腰部做贴边的形式，只是一种风格上的考虑，裙子的合体程度都是相同的。不但要与体型相配，还要考虑穿着舒适性。

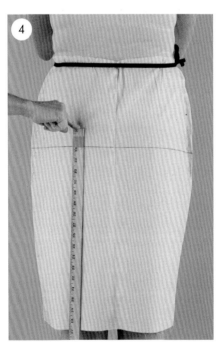
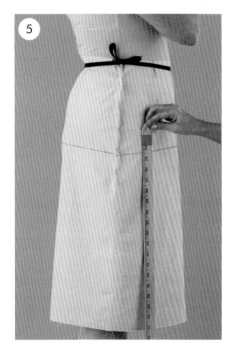

裙子试衣过程

1 在裙子的腰部系一条松紧带，通过移动松紧带便会找到腰部最细处。松紧带不需要很精确地位于裙子的腰线处。

2 估算裙子在臀部的围度。

3 如果松量太多，留出穿着松量，多余的量用大头针别出。如果没有足够的松量，那就拆开侧缝。请记住，试身样衣太紧并不好。

4 确定水平对标线的位置(可以是臀围线)。在臀部放一个标尺（米尺），并注意水平对标线的下沉位置。用标志带在标尺（米尺）标记水平对标线的位置作标记，这样比较容易看到。

5 对比标志带的位置，检查裙子侧面的水平对标线下沉的量。

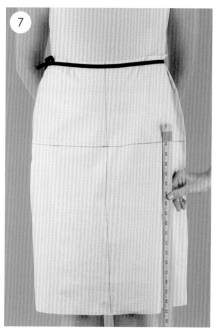

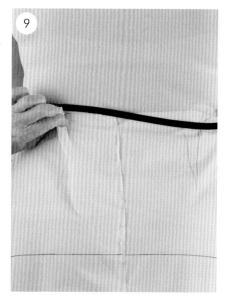

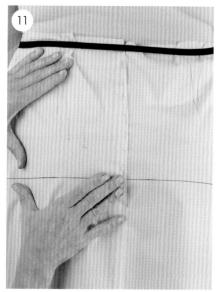

试衣小技法

如果水平对标线在进行测量时反复移动，则可能是裙子太紧（通常横跨臀部或高于臀部的位置），或者是裙子的布料皱缩在紧身的位置，释放紧绷区域并留出一些松量，这样移动的问题就可以解决。

6　如果水平对标线偏低，可以轻轻拉动裙子的腰部使水平对标线在合适水平位置；如果偏高，可以轻轻拽裙子的底摆。

7　检查裙子的前片，使水平对标线保持水平。

8　持续此操作，直到确定水平对标线一周都保持水平状态为止。由于这是建立试衣参考标准线，因此保证其精准很重要。

9　估算出裙子后半片的总省道量，同时在腰的两边捏出等量的省道量以防止后中心线偏移。

10　确定省道个数。由于这里省量过大，可分成两个较小的省道。

11　省道位置应该看起来美观且腰部合体。找到臀部最圆的部位，并标记省尖点，如图用两个大头针标记两个省尖点的位置。

试衣小技法

衣服省量过大会显得笨拙。如果单个省量大于3.2cm，建议分成两个省道，这样效果会更好。

12 沿着身体的轮廓捏出省道，这需要多练习。让手指"阅读"身体，用手夹住省道顶部和底部的布料这对了解身体有帮助。注意，此省道的位置不一定与纸样上原省道位置相同，纸样上的省道只是为确定另一侧省道的位置提供参考。

13 捏出并固定省道后，检查水平对标线是否水平并使其回到原位。

14 裙子的商业纸样通常用前省道来减少裙子的臀腰差，但这只适合某些人的体型，并不一定适合所有的人。因此需要不断地对省道的大小和位置进行调整以达到最佳效果。如果使用纸样的位置固定省道，则在视觉上腹部会感觉更加凸出。

15 如果省道位置偏向侧缝，腰部相对于臀部的比例看起来就会偏宽。

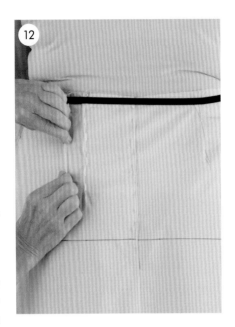

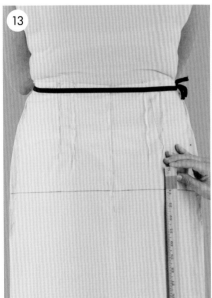

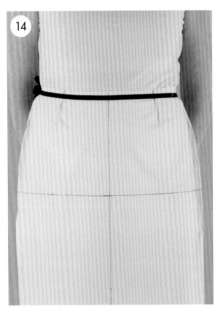

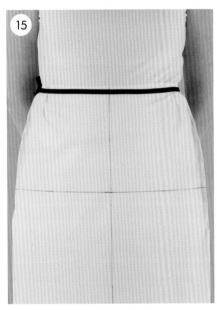

省道的功能

省道的功能是在服装中创建三维空间，省尖应指向人体最丰满部位，记住省尖指向，但不能指到最丰满的部位。如果省尖点超出最丰满的部位，省尖部分就会出现凸点，不美观。

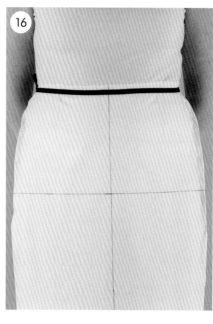

16 如果试衣者认为前片没有省道更加漂亮的话，可以将省道量移至侧缝处，在侧缝处消除。

17 重新检查水平对标线。

18 检查侧缝是否垂直。侧缝大致位于人体侧面，应与人体比例相称。此处，如果侧缝前移，则会使腹部看起来较小，侧缝就落在腿的前部了。"正确"或者"错误"完全取决于试衣师的感觉。

19 移动松紧带，使其顺应腰部自然曲线并形成一条平滑的线条；在松紧带下方画线来标记腰围线。

20 让试衣者坐下检查松紧度和舒适度。如果裙子太紧，会出现从侧缝至裙中的拉扯纹。此处，腹部没有拉扯纹则表明松量是足够的。

侧缝的位置

如何确定侧缝的位置：让试穿者闭上眼睛，将拇指放在腰部两侧，即试衣者认为的身体中部，而且几乎总是准确，可以从此处进行视觉评估。

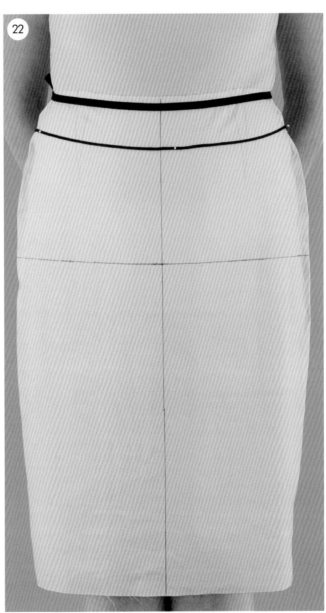

21 如果裙子很合身则不需要再次制作样衣，裙子的实际腰围也就确定了。一些女性更喜欢靠近肚脐的低腰，可以用一条绳子或丝带来辅助确定新的腰线位置。如果腰线太直，会使裙子看起来不美观，感觉臀部像往下掉一样。

22 如图所示，腰围线略微弯曲看起来会更漂亮、更自然。

制版实例

版型变化基础见第44页，了解基本制版技术。

调整腰线

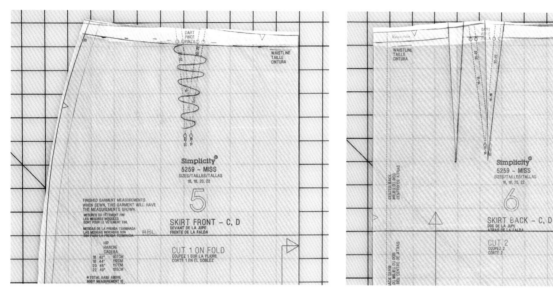

画好前腰缝线并去掉前腰省。

画出后片的腰围线并校对两个省道的两条边的长度。

臀部曲线差异

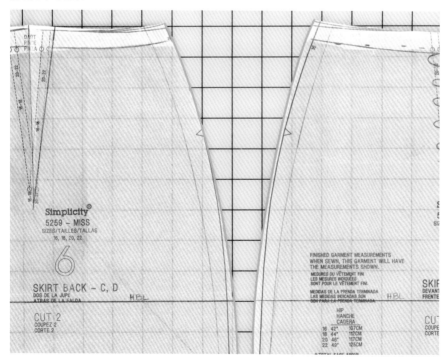

对于大多数体型来说，后腰通常比前腰小，故前后臀部曲线略有不同。

带省道的试身样衣

侧胸省是一个很好的试衣工具，像所有省道一样，可以增强服装的空间感。如果想要理解这种维度的概念，拿一张纸折一个省道，省尖点位于页面中间，然后将纸放在桌子上。纸张不能再平放，而是像一顶帐篷，在桌子上方形成弧形空间。在试身样衣中，省道为胸部创造了三维空间，可以使服装的前片自然下垂而不是在底摆处向外张开。

造型/试衣注意事项

胸部的形状和大小不一。有些女性的乳房是尖的，有些则是圆的；有些乳房外扩，有些下垂；有些乳房上方会出现"塌陷"现象；而有些较丰满。因此在试衣过程中必须考虑多种因素。

如果有些体型使用一个省道很难合体，那么可以选用两个平行省道（详见第133页），尤其对胸部丰满体型会有帮助。如果问题很多，可以考虑换用公主线版型。肩部公主线是一种很好的工具，适用于所有体型和胸型。

胸省可以是横向的也可以是纵向的，从侧缝发出可以有不同的方向和角度。它们的位置影响服装的外观。所有胸省的省尖点都应指向胸高点或者胸部最丰满的位置。

没有省道，面料会在底摆处向外张开。

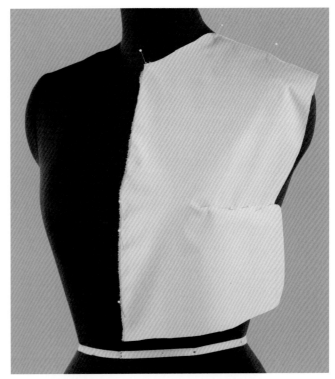

省道会使服装贴合人体，底摆不再向外张开。

省道的长度与胸部的形状和大小有关。一般而言，胸越小，省尖点越靠近胸高点；胸越大，省尖离胸高点越远。

侧胸省样衣的试衣过程

1　样衣前片。注意从胸部向外发散的拖拽纹。从胸围上方至袖窿处起空，从胸围下方至侧缝处尤其明显，就在水平对标线的下面。

2　样衣后片。注意手臂后侧压在后袖窿上，这表明衣服的背宽太宽，后袖窿需要修剪。换言之，就是后袖窿需要挖深。这些过紧的问题，必须在试衣一开始就要解决。

3　在样衣的后袖窿处打剪口，这样会使后中的面料放松。但腋下仍有褶皱，这表明腋下的围度过大，即水平对标线上方还有多余布料。在减少围度之前，先使胸部合体，并使水平对标线保持水平。此时，可先暂时固定后片，使水平对标线水平。

4　增加侧胸省的省量，将之前已经固定的省道和多余的布料都纳入到这个省中，也就是合并成一个省，并固定一个袖窿省道以消除步骤1中提到的拖拽纹。关于如何收省的说明参见第104页。在制版过程中通常会将袖窿省转移为侧胸省。注意，由于试穿者的手臂位置，身体有些倾斜。

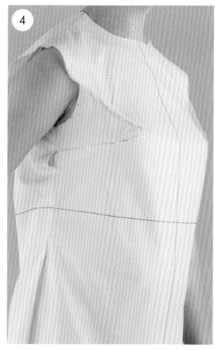

5 在整个背部的水平对标线上方打
一个褶，褶量等于侧胸省的增加
量，使水平对标线保持水平，这
种做法很常见。

6 解决步骤3中提到的腋下的围度
过大的问题，每个缝份捏出来
1.6~1.9cm，捏出量大小取决
于试衣者希望衣服的合体程度。

7 将围度方向多余的量用大头针
固定，并保持侧缝平直。在这
种情况下，后侧缝线保持不
变，所有多余的部分都从前侧
缝去掉。"让面料告诉你该做
什么"，这一点很重要。拆开
腋下侧缝，然后以侧缝的位置
和平直规则为依据来查看围度
多余的量到底在哪里。

8 若侧缝在第7步被收进，则再次
检查前后袖窿的松紧度。如有必
要，可以将剪口打得更深一些。
此处后袖窿需要更多的剪口，慢
慢地就会发现后袖窿弧线的净
缝的真正位置，制版详见第94
页。

9 用大头针将水平对标线到底摆的
侧缝多余部分别出。还要注意到
背部腋下有轻微松量。尽管前侧
缝在胸围处被收进，以减少总围
度，但这种松弛也表明了衣服不
紧。这在一定程度上是因为侧
胸省道量的增加，为胸部增加了
更多空间。如果希望衣服紧身的
话，侧缝可以多收一些。

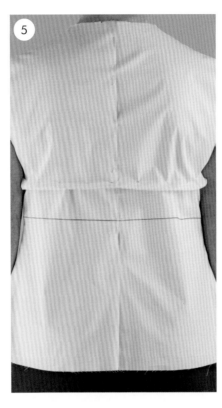

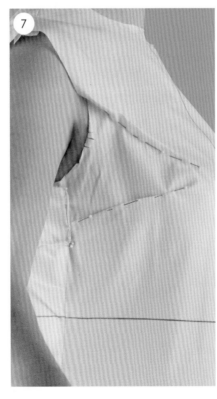
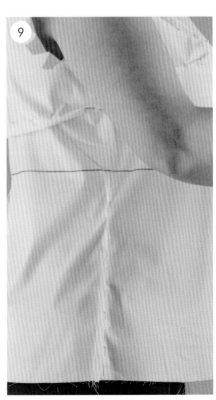

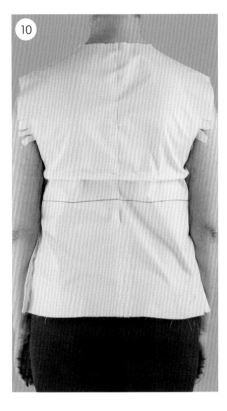

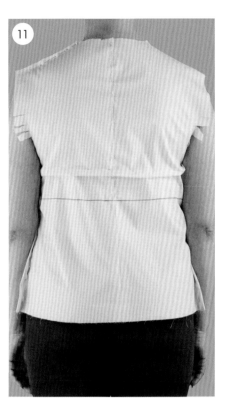

10 如图，样衣开始变得更合体。对于初学者而言，这将是一个很好的时机:把试衣的变化转移到纸样上，再做一件新的样衣。继续试衣过程，问题不会像之前那么多了。注意：左侧的水平对标线略低于右侧，左侧袖窿有点皱褶，这两者都表明了左肩比右肩低。

11 为了使肩部在试衣过程中保持平整，沿着左肩缝将多余的部分固定。沿着肩线的轮廓使水平对标线达到水平，同时注意不要过度贴体。或者在较低的一侧使用垫肩。其余试衣问题：注意背部有多余的量。

12 评估背部有多少余量——相当多。

13 如图所示，消除多余布料的一种方式是在后中缝去掉。水平对标线下方出现的指向后中接缝的对角拖拽纹，这是由于背部去掉的量过大造成的。

14 另一种方式是沿后中缝去掉少部分余量，其他余量以腰省的形式去掉。腰省在肩胛骨以下几厘米处开始逐渐变细，以更好地贴合人体。余量去除多少取决于衣服的合体度，制版参见第95页。

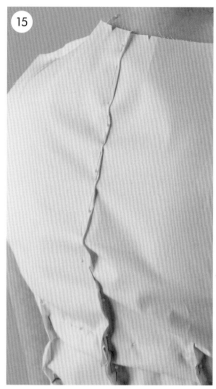

15 注意样衣后领口离人体有点远，这表明需要增加领省。领省会使衣服看起来更舒适，并能防止衣服在身体上移动。

16 按照身体轮廓，捏领省并用大头针固定。右上背和左上背不同，每个省道的收省不同就可证明这一点。为了使模特看起来均衡，在制版时使用左后领省来做领省，做成大小相同两个省道。此外，还要注意后中缝和右肩胛骨之间的轻微褶皱。

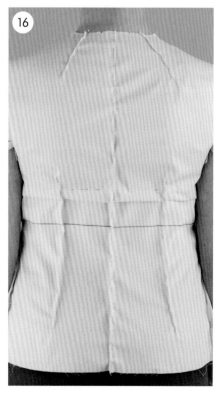

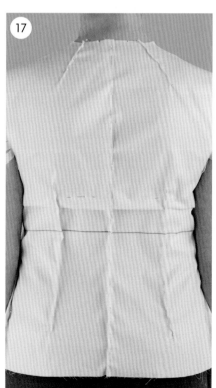

17 从颈部以下约5.1 cm处开始放出后中缝，放出量在腰围线以上几厘米处逐渐变小直至水平对标线以上，这样可以使得布料放松并减少步骤16中提到的褶皱，制版参见第94页。

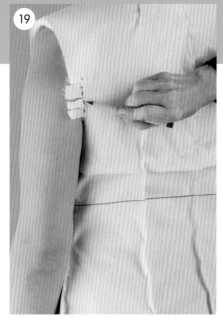

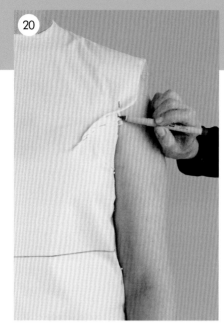

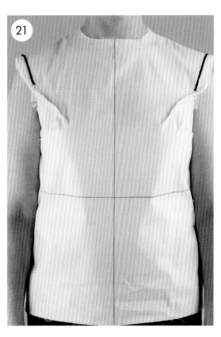

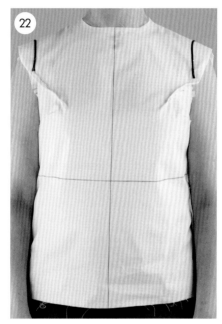

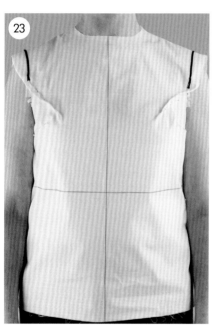

18 找到前后的"腋点"，确定袖窿的位置，就是手臂的根部。之前已经把样衣面料折进，图中手指的位置就是后腋点的位置。

19 标记后腋点的位置。

20 标记前腋点的位置。

21 确定袖窿在肩部的位置，使身体看起来匀称。这只是个人的主观判断。人们往往最关注的是肩线，而不是袖窿。图中黑色标志带标出的两个肩端间的距离太大，这使得肩部看起来太宽，与人体比例不协调。

22 这两条黑色标志带的下端太向外，这使得模特的臀部和腰部看起来很大。

23 这两条黑色标志带的位置最合适，现在可以画出肩部袖窿弧线直到前、后腋点的净线位置。

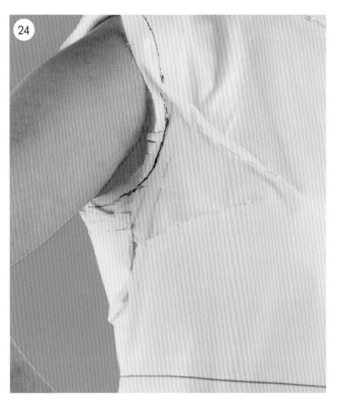

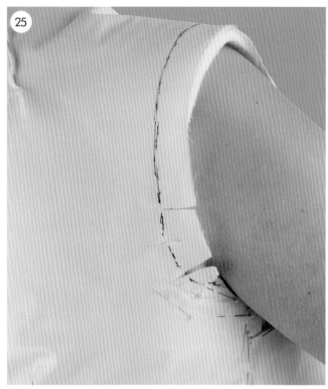

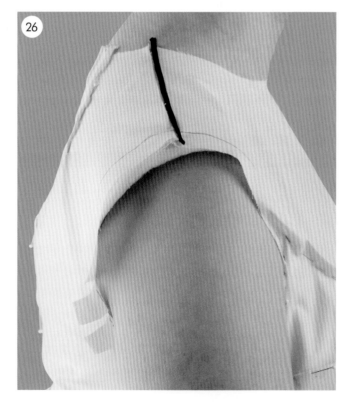

24 确定腋下袖窿弧线。当采用装袖时，袖窿弧线在腋下的位置高一点会提供手臂更多的转动和"伸展"空间。但腋下位置也不能过高，否则穿着时会不舒服（如果觉得腋下位置太高，可以将成衣的前、后腋点之间缝头剪去一部分）。这件衣服腋下位置太低，因此需要添加布料，然后画出袖窿弧线在腋下净线的位置，再将其与前、后腋点相连接。制版参见第94页。

25 后袖窿。

26 确定肩线的位置，使身体看起来匀称平衡。与袖窿的位置一样，需要主观判断。这里的黑色标记带是原来的肩缝位置，太靠后了。

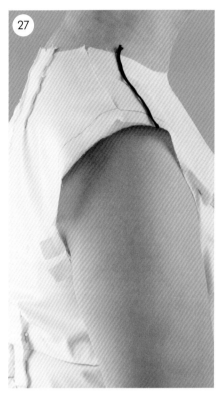

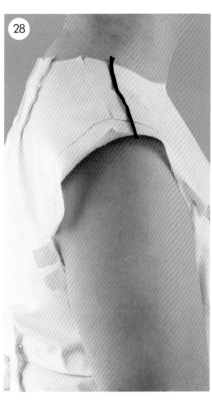

27 如图，这个位置又太靠前了。

28 如图，这个位置较好，肩线在手臂中间，在颈部位置也很合适。

29 确定领窝弧线。对于一个基础的样版来说，人体的颈根部可作为参考。画出前领窝弧线。

30 对后领窝弧线来说，需要增加额外的布料来画出后领窝弧线。

31 将试衣中调整的位置转移到样版上，制作新的样衣，再进行调整直至合体。一旦试穿合体，就可以试穿衣袖，具体示例将在后面展示。

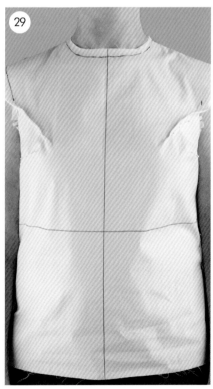

制版示例

关于基本的制版技术，请参阅样版修改的基本原理，见第44页。

修正后袖窿

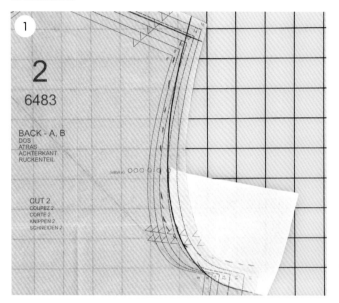

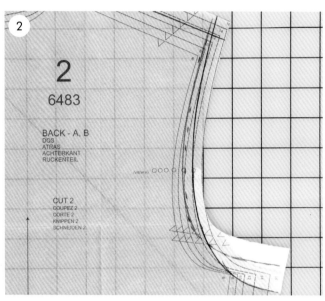

1 纸样上红色的标记线为修正后的袖窿弧线。注意添加纸片是为了抬高腋下。

2 图为完整的新的后袖窿样版。

后中曲线

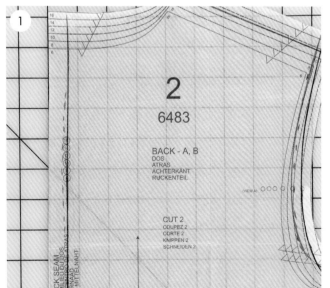

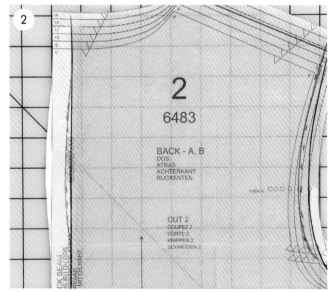

1 纸样上红色的点画线为修正后的后中缝。

2 画顺后中缝线。为了给背部提供更多的松量，在腰部以上几厘米处开始向上画顺后中缝。

增加腰省

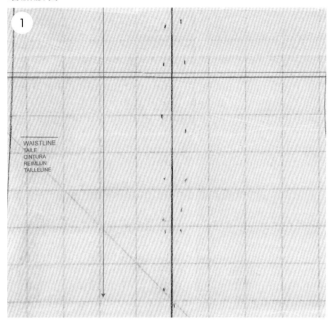

1 纸样上黑色点画线是从样衣上拷贝下来的，这就是腰省的位置，省道两边的长度最好相等。为此，从省道顶部到省道底部画一条直线作为省道的中心线。

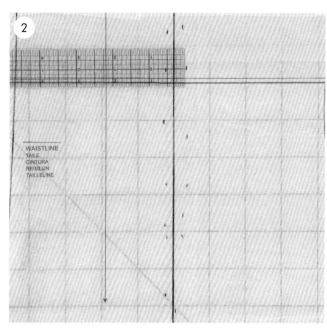

2 用刻度尺量取省道总量。

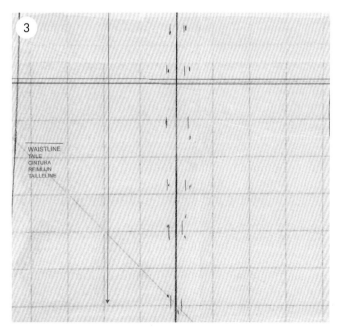

3 将省道总量分成两半，并在省道中心线的两侧各标出一半的省量，然后左右对称地用点画线标出省道线的位置。

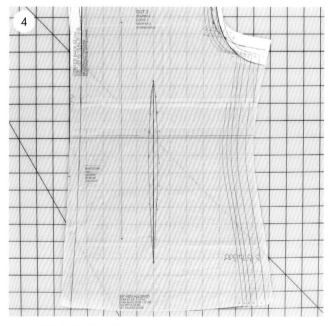

4 画顺新的点画线，完成腰省。

肩部公主线女上衣

肩部公主线可以很好地贴合各种大小与形态的胸部，同样也贴合不同背部形态。肩部公主线不像袖窿公主线那样复杂，且制图也较为简单。

公主线的风格与合体性

一般情况下，公主线是使衣服合体的一个极其有效的工具。由于公主线的分割缝会通过（或接近）胸高点，故公主线可以使衣服合体漂亮。除此之外，公主线也易于修改。公主线起始于底摆，过胸高点，终止于上半身。

肩部公主线(A)通常与肩缝相交于中点，垂直方向的分割线会使衣服看起来显瘦。

颈部公主线在商业制版中并不常见，但也是很美观的竖直方向的分割线。通过改变公主线与领窝弧相交的位置可以使胸部看起来更小(B)或更丰满(C)。

A

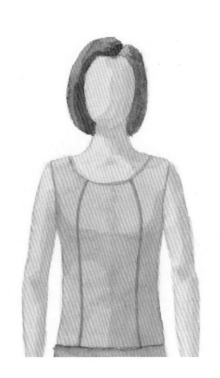

B

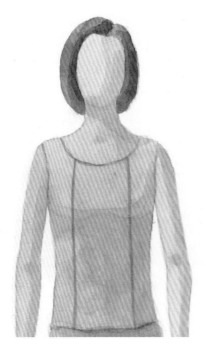

C

D

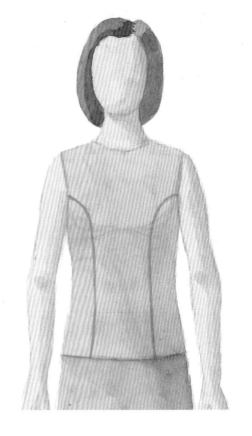

E

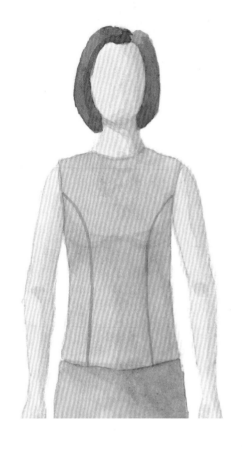

F

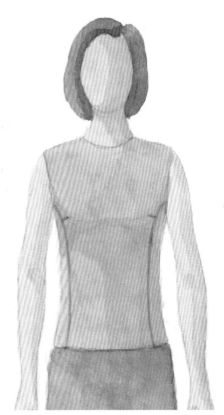

　　同样，袖窿公主线的位置也会带来视觉冲击：使胸部看起来更丰满（**D**），或者使上身看起来更修长（**E**）。由于袖窿公主线需要对合凹凸曲线，故缝纫较难；提高袖窿与公主线交点的位置会使缝纫变得容易。

　　如果公主线没有通过（或很靠近）胸高点(**F**)，胸部区域就不能有效地贴合。公主线远离胸部，需要通过一个短的省道才能达到合体目的。

用肩部公主线修正样衣的过程

1 从正面观察样衣。虽然样衣的公主线不是正好过胸高点，但肩部很合身，与其让试衣者换一件大点的尺码样衣，还不如先评估一下其他部分的合体程度。

2 从侧面观察样衣。注意水平对标线上方背部多余的面料以及从胸部发散并指向腰部和臀部的拖拽纹。结合这些问题，表明样衣在前中没有闭合的原因是试衣者胸部太大。

3 从后面观察样衣。样衣背部上方看起来很合体，也不紧。注意观察肩的左下部分。

4 拆开胸部前面的公主缝并展开，闭合前中线。在领窝弧线和袖窿弧线处打剪口消除紧绷感。

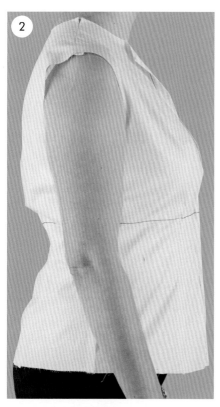

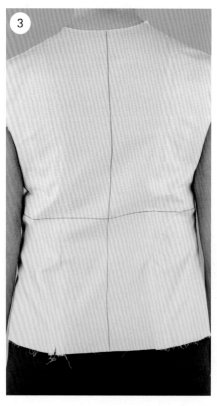

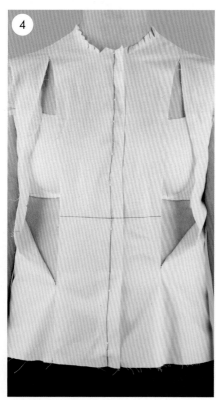

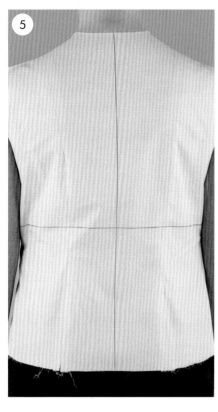

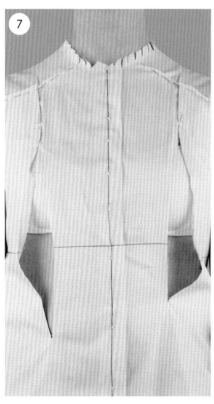

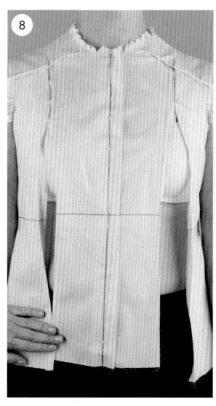

5 因为拆开前公主缝，使样衣后背得到放松。

6 注意观察肩部下方多余的布料。

7 按楔形固定多余的面料。从上到下固定公主缝。注意前侧片呈袋状张开。

8 拆开前公主缝的剩余部分。调整胸部大小时，前中片和侧面之间的长度存在差异这是正常的。更多关于大胸如何调整纸样的信息见第129页。

9 将前中片水平对标线以上横向剪开，添加一块布料加长前中片上面部分，调整前中水平对标线使其与侧面水平对标线齐平。

10 为了别合胸围处的公主缝，需要对前片的围度进行评估。由于侧缝是竖直方向，没有被拉伸，故只需要在胸部公主缝处添加布料增加胸围。

11 在胸部添加布料，用大头针固定在公主缝上，并抚平，使其在胸部松紧合适。在低肩处放一个小垫肩，此步骤也可以提前操作，当然也可以直到试身样衣在试衣者身上稳固后再放垫肩。

12 由于胸部增加了围度，故公主线的位置需要重新确定。可以使用织带来辅助确定公主线的位置。调整公主线在前中片和前侧片之间的位置，使公主线美观。制版时，使用新的公主线位置来确定前中和前侧片样版的增加量。

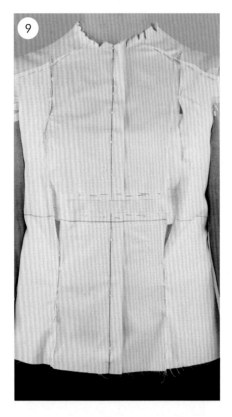

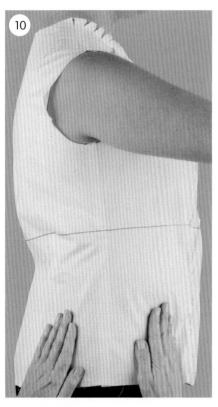

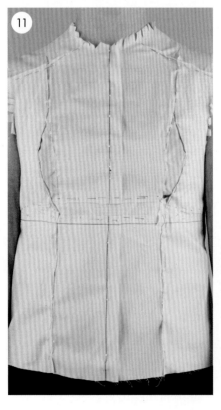

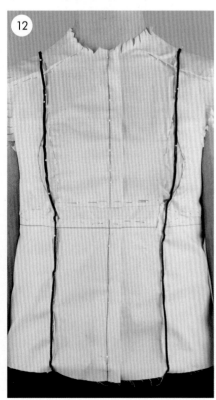

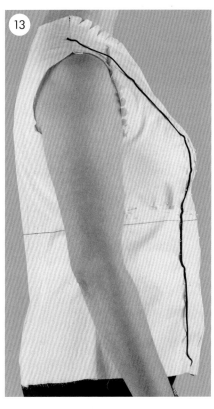

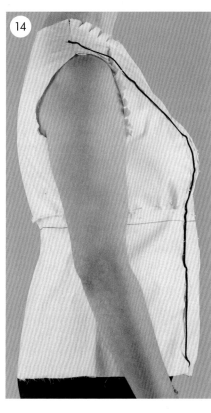

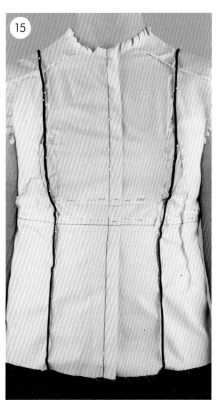

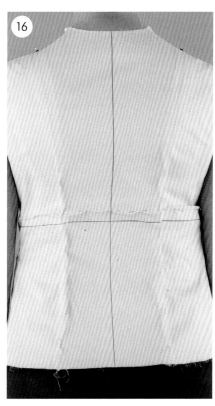

13 从侧面看，后片的水平对标线比前片低。尽管前片添加了额外的布料（见第9步），但仍需加长。由于衣服紧贴臀部，所以需要提高后片水平对标线。

14 提高后片水平对标线。注意从后中开始一直提拉到侧缝。拖拽纹是从胸下开始发散到侧缝的肘线位置的。

15 上一步中提到的拖拽纹可以通过增加省道量（固定在身体右侧）或通过增加腰省量来消除。

16 如果试衣者喜欢背部为修身款，则可以将松量在后片公主缝里收掉。

带侧片装袖的夹克

　　夹克纸样通常带有侧片，这种设计没有侧缝。侧片连接前片与后片，其两侧分割缝距腋下（侧缝位置）大约为5.1～7.6cm。由于分割缝与公主线所在位置不同，故评价其合体的方法也与公主线有所不同。

　　这件衣服装袖子的详细信息见第172页。

该款式试衣的注意事项

　　由于前侧缝不靠近胸高点，也无胸省，故此款式衣服较难合体。除非夹克较宽松或者胸很小的人穿着。其实增加省道也不难，收胸省会使衣服合体且时尚。

合体期望要适度

　　经过练习，可以识别出越来越多的试衣问题，但也不要变得吹毛求疵。不必追求消除样衣上的每一个小褶皱或者凸起。事实上，一旦用真正的时装面料做衣服，某些缺点便不会那么明显，甚至会消失。尽管标准高是好事，但强迫衣服看起来完美无瑕是不可取的。随着广告业和摄影技术的进步，每年都会向我们展示一种不切实际的完美服装。此外，人们大部分时间都是在运动的，所以服装的运动舒适性也是试衣时要考虑的一个重要因素。

带有侧片的夹克试衣过程

1　服装的前片。注意前袖窿的多余布料，还要注意从胸围到腰侧部的拖拽纹，以及胸围以上的松紧度。

2　从侧面看，前侧片分割缝离胸高点较远。注意上面提到的拖拽纹和后片的多余长度。

3　服装的后片。注意背部上方以及臀部和底边的松紧度，还要注意后袖窿的多余布料和多余的长度。

4　为了消除前后袖窿多余的部分，沿肩线捏起并抬高肩缝，沿肩线缝合或固定。左边肩线明显地低了。

5　除了沿着肩线将多余部分固定外，还可以插入垫肩，使肩部显得挺拔。像该模特这样的女性，可以使用垫肩来使倾斜肩部，看起来更挺拔。由于这个模特左肩偏低，故在左侧插入两个垫肩，也可以在两边使用不同厚度的垫肩。

6　可以取下左边的第二个垫肩。如果两边各加一个垫肩，肩部看起来会更自然。

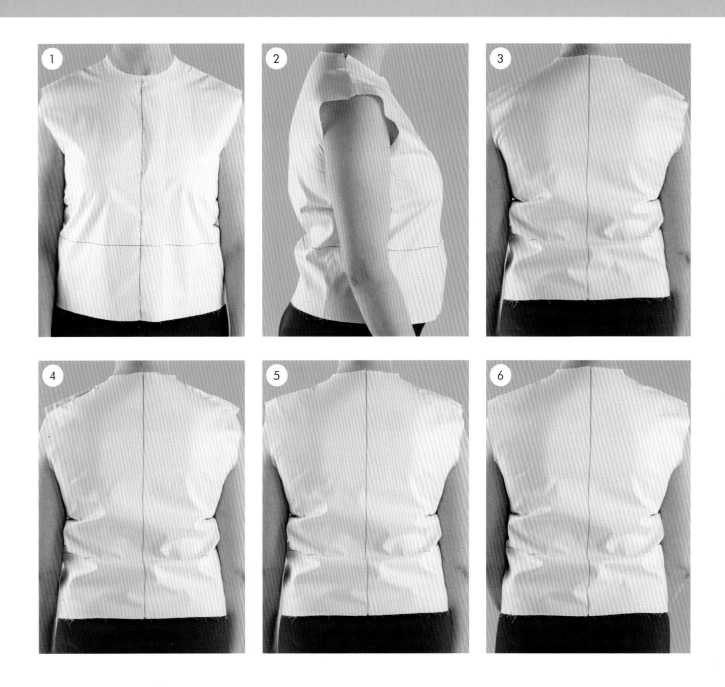

不对称的身体

　　因为很少有人拥有完全对称的身体，所以我们已经习惯看到不对称的身体。因此，为了让身体看起来绝对对称，而在试衣过程中使用衬垫，反而让身体看起来不自然。相反地，脱离身体的一侧调整另一侧，会加重身体的不对称，使其看起来比实际更不对称。

7 在领口弧线和前袖窿弧线处打剪口，消除紧绷的状态。第1步中提到的拖拽纹是胸部塑型不足的问题。拆开前侧片分割缝有助于观察，布料会自动形成侧胸省道。注意水平对标线在侧面发生了倾斜。

8 捏胸省，首先要确定省尖点的位置，在样衣上用"X"标记。其次，用大头针插在省尖点的位置。将胸部侧面的面料抚平，并将多余的面料推到一起。

9 捏紧多余的布料，形成省道。如果捏得太多，水平对标线就会拉高。如果捏得太少，水平对标线会在侧面倾斜。合适的省量会使水平对标线呈水平状态。

10 将捏起收进的布料在身体上向上折叠，不要让省道超过标记的省尖点位置。省道的角度在身体上应该是漂亮的。如果不喜欢这个省道的角度或位置，可以进行省道转移。详细制版见第111页。

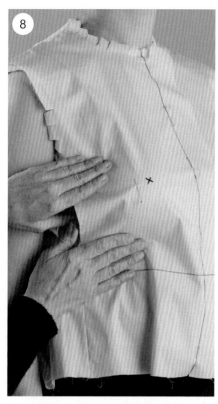

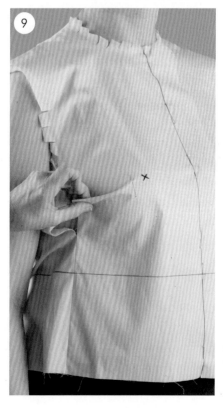

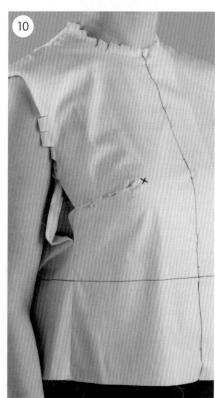

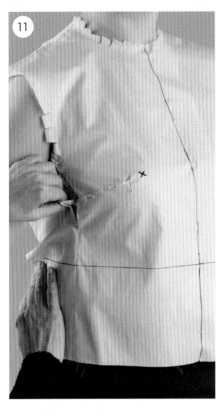

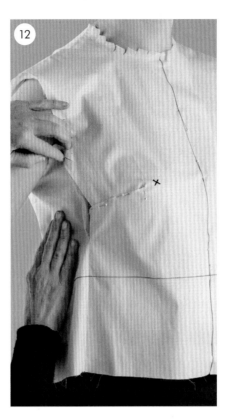

11 为了保持侧缝长度相同，还必须调整侧片。在侧片上从前片侧缝到后片侧缝会形成一个褶裥。用大头针固定住，使水平对标线呈水平状态。

12 拆开前侧缝的上部并将侧面抚平，同样可以解决两片侧缝长度的差异。用这种方法处理面料通常非常有效。注意侧片的水平对标线会向后倾斜。

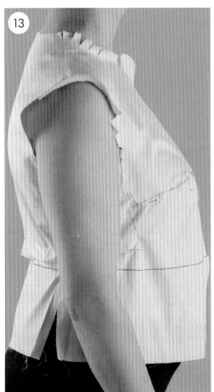

13 为了使水平对标线在后片和侧片呈水平状态，在后片横向收一个褶裥并固定。注意后片的分割缝已经拆开，且包住了臀部，但前片侧缝仍垂直。

14 用大头针重新将水平对标线以下的侧缝固定好。可以看到：水平对标线下方有褶皱垂直，但没有到达底边。这表明即使后片的分割缝放出，在后片中间的下边缘还会有轻微的张力。

15 如果不确定后片下部是否紧绷，可以在中间拆开一条缝：如果两片像图中这样展开，说明它太紧。

16 加入一片布料。为了改变纸样，需要重新确定后中缝。一般增加背中缝，这样不但可以为背部、臀部提供更多的空间，还能收腰。制版见第111页。还要注意袖窿和肩胛骨部位凸出的多余布料。

17 收肩省有利于消除后袖窿处多余面料，使衣服更好地贴合肩胛骨（参见第90页的详细说明）。画出后袖窿（见第91页）。

18 画出前袖窿（见第91页）。如果衣服需要更贴体，可在前腰处收省。

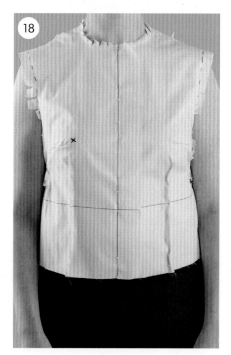

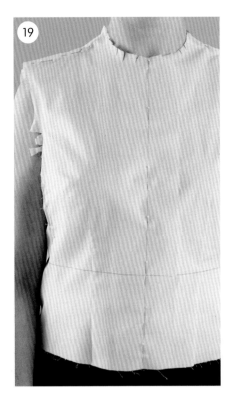

19 按照步骤制作第二件样衣，评估其合体程度，并微调在第一个样衣中调整过的区域。这里调整肩部的分割缝和前片分割缝。注意胸高点和袖窿之间的多余面料。

20 这些多余布料可以用一个小省道固定，这个省道量可以在制版时转移为侧胸省。但胸部以上贴合太紧并不美观。对许多女性来说，胸部和肩部之间的布料需要在身体上"漂浮"，而不是紧贴身体。

21 样衣已经合体，接下来安装袖子：把袖筒安装在袖窿弧线上。这里展示袖子的立裁过程，以及如何与试衣者的手臂做到比例协调。一些典型的袖子问题见第172页。首先，将袖子套在试衣者的手臂上，将袖山的顶部与样衣固定在一起，将袖中线与肩缝对齐。

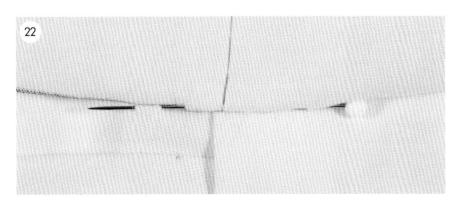

22 抬起手臂，将袖子的腋下用大头针别在样衣上，并将袖底缝与样衣的侧缝对齐，用大头针固定布料；或者脱下样衣，用大头针将袖子固定在样衣上，然后再穿上样衣。

23 距袖山高顶点约2.5cm处，将袖山的缝头朝里折。通常为了使袖山美观，有时折进去的缝头可能比纸样指定的量大一点或者小一点，先折前袖山或后袖山弧线都可以，这与顺序无关。

24 将缝头折进去的袖山紧贴样衣的袖窿。

25 为了使袖山有缩缝量（吃势），保持一只手靠近袖山中心点不动，另一只手轻轻地向上将布料往袖山中心推，形成缩缝量。

26 将袖子固定在样衣上。略有吃势。

27 移动一小段距离，继续将袖子缝头折到里面。

28 如上所述，在袖山顶部将袖山每隔几厘米连同袖山缩缝量一起与袖窿弧线固定。从腋点往下一般没有缩缝量，按住袖山弧线整理平整，然后与袖窿固定。

29 在袖山的另一侧重复以上的过程。

30 注意前面袖子的水平对标线略微向下倾斜，袖子余量已经沿着袖底缝将其固定。注意袖肘前端附近轻微的拖拽纹。

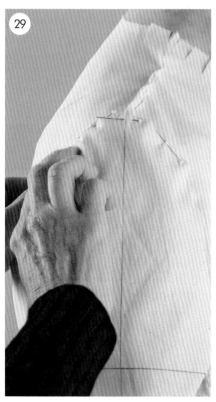

31 为了解决前袖部分的水平对标线向下倾斜的问题，取下前袖窿处的大头针，提起袖子前部，将袖山向肩缝方向移动。移动袖山也可减少上一步提到的肘部拖拽纹的问题。

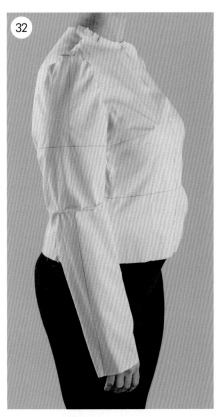

32 重新固定前袖山，在袖山的上部分增加更多的缩缝量并固定。第174页讲述了如何解决袖山相对于袖窿缩缝量过大的问题。袖子前袖肘部附近的拖拽纹是由于手臂静止时自然弯曲造成的。袖子没有足够的袖弯，可以通过袖子两个分割缝进行修正。这是一个两片袖，腋下有一个裁片，所以可以在前袖缝固定一个楔形指向后袖缝。制版方法见下一页。

33 检查一下手臂活动是否舒适。如果只安装了一个袖子，需要把另一个袖窿固定在适当的位置。注意背部和后腋点位置的横向张力。

34 增加样衣后中线的曲率可以增大活动空间。样版制作见下页。也可以调整袖山到后袖窿的位置。但这两种方式都意味着当增加活动量时背部就会有多余的面料。所以，我们必须要学会取舍：是更看重穿着舒适还是更看重美观。

制版示例

参见推板的基本原理，了解基本制版技术见第44页。

做新胸省

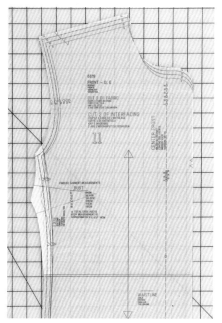

转移标记并做一个新省道。当为新创建的省道校对省道两条边时，通常需要添加纸张，以便能画顺交叉缝。

设一条后中缝

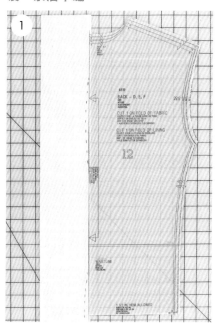

1　后中线最初是对折的话，也就是直线型，则需要画一条新的后背缝代替对折线。如果在背部和臀部需要造型的话，见图中的红色标记线，建立后背缝是非常有必要的。

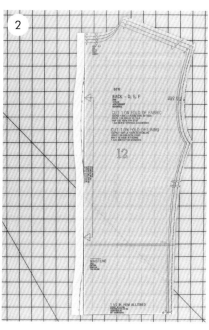

2　将红色点画线与原来的后背缝一起画顺形成新的后背缝，然后增加缝头，修剪掉多余的纸张。

创建袖子的袖弯

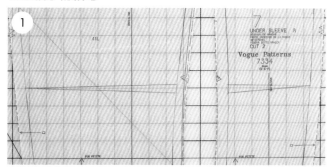

1　在大小袖片上画楔形线。从前袖底缝指向后袖底缝，两片楔形的张口量相同。

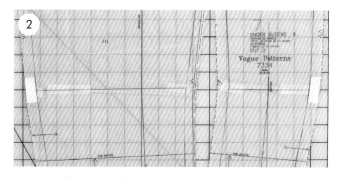

2　闭合楔形，顺着袖子上部的经向线向下重新画经向线。

袖窿公主线分割的合体外衣

图1中的这条公主线从胸部到袖窿处，在胸以上的分割缝位置可以自由设计，这种简洁的结构设计适合多种不同类型的服装和面料。

公主线的风格与合体性

因为袖窿公主线过胸高点或接近胸高点，故较容易使胸部合体。另外，分割线与袖窿相交，袖窿的大小也很容易调整；除此之外，在胸与袖窿之间的公主线的位置以及其曲率在视觉上会影响服装穿着效果，可以使胸部显得丰满或显得扁平，如第97页的插图所示。

由于袖窿公主线需要对合凹凸曲线，故较难缝制，特别对于胸围尺寸大曲率也大，并且袖窿与公主线的交点又在袖窿中点或在中点附近的这类公主线。提高袖窿与公主线交点的位置，公主线的曲率变小，这样缝制会变得相对容易一些。

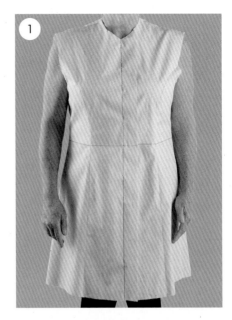

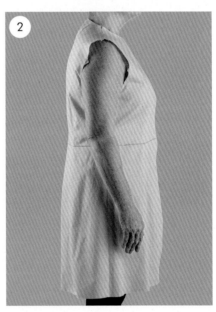

用袖窿公主线修正样衣的过程

1　从正面观察样衣。通过胸部上方的拖拽纹来看，说明胸部有点紧。从胸部到侧腰的拖拽纹来看，表明需要重塑胸型。

2　从侧面观察样衣。胸部、背中部到侧腰都有拖拽纹，后面水平对标线较前面偏低，此外，手臂后面的后袖窿处产生褶皱和折叠。

3　从后面观察样衣。左肩略低，后背中部有少量垂直的褶皱，后颈有少量多余的面料，侧缝处有拖拽纹，靠近腋下的后袖窿也有褶皱。

4　即使试衣者不打算调整衣服使

他的肩部看起来较匀称，在试衣过程中都可以用一个小肩垫抬高左肩。在后面的袖窿打剪口直到后腋点处，袖窿就在腋点处或者接近于腋点。否则，当手臂放下时，手臂会压住超出后腋点的多余面料，在衣服的腋下形成褶皱。在领窝弧线紧绷的位置打剪口。

5　褶裥或褶裥与楔形的组合，可以使水平对标线达到水平。了解被测试者的肥胖部位是很重要的，这可以决定在背部哪个位置进行调整。

6　在肥胖部位上方做一个褶裥，尽量用面料隐藏肥胖部位，而

不是凸显肥胖部位。在调整过程中，通过褶裥或者以褶裥加楔形的形式去消除背部的余量。在这个案例中，褶裥加楔形经过后侧片到前侧片，楔形指向前公主线，以消除第3步中提到的样衣侧面出现的褶皱。

7 水平对标线达到了水平。后侧片的褶裥只是被固定在侧缝处，仍需继续消除余量。第1步和第2步中提到的拖拽纹，表明需要重塑胸型，在前侧片固定一个楔形，既可重塑胸型又可消除后侧片的褶裥。前后片的褶裥和楔形是互相关联的，如本例所示。

8 固定楔形之前，重新评估前胸部的张力。虽然根据个人的喜好选择服装的宽松度，但如果觉得胸部较紧绷，还是要调整。

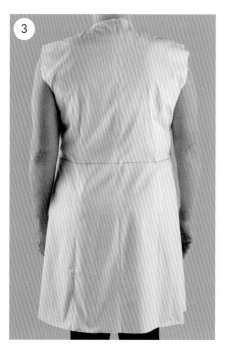

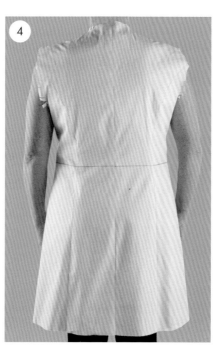

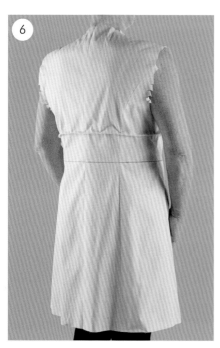

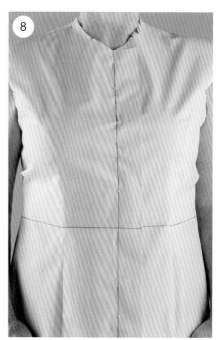

9 拆开胸部上方的公主线。在前侧片固定楔形，其步骤如下：从后侧片褶裥结束的位置开始，固定与后侧片褶裥相同量的楔形，指向前公主线。沿着拖拽纹方向进行固定，以获得准确地楔形角度，如果拖拽纹没有延伸到公主线，楔形也需要终止于公主线，以便调整平面纸样。不必担心楔形将面料消除，因为这个量非常小。

10 评估公主线是否在胸部最丰满的位置。为了达到最佳的试衣效果，公主线应该在过胸高点或紧靠胸高点或胸部最丰满处。插图中箭头指向试衣者的胸高点。在这个案例中，公主线已经远离胸高点（胸高点处起空）。

11 在公主线处减少前中片的量，增加前侧片的量，并固定前公主线，如有需要，也可改变公主线与袖窿相交的角度和位置。注意试衣者右腋下的垂直褶皱，如下插图也能看到。

12 多余的面料特写镜头。

13 多余的面料之所以形成是因为胸侧面圆润且丰满。

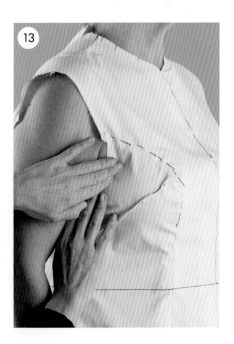

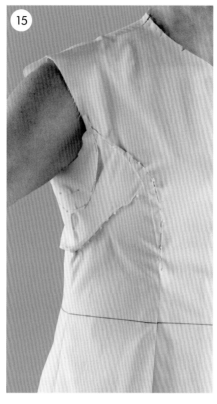

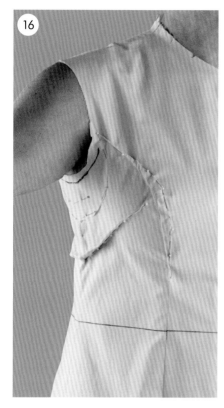

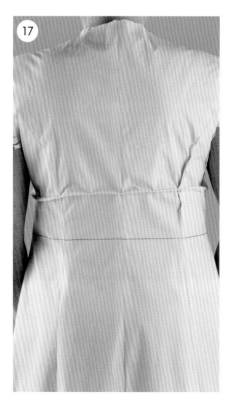

14 有时可以通过调整公主线与袖窿相交的位置，去消除这个位置的多余面料，也就是把多余的量调整到公主线内。在这个案例中，在侧面还有多余的面料，将其固定到侧缝里。在试衣过程中，如果使水平对标线达到水平并给胸部足够的空间，往往在侧面就需要有多余的量。合体考虑的是空间而不是总体的围度，也就是说即使整体围度够了，但某些部位的空间还不能满足要求，不能视为合体。注意样衣腋下袖窿弧线比试衣者的腋下位置低太多。

15 在样衣的腋下增加面料并固定，以便标记腋下袖窿弧线的正确位置。

16 画出腋下袖窿弧线的位置。腋下袖窿弧线的位置要高一些，因为低的腋下袖窿弧线会限制手臂的活动范围，除非衣服很宽松或尺码比较大。更多关于腋下位置的信息见第92页。

17 完成后片的试衣，重新检查第3步中提到的后背中部的褶皱，将一侧的褶皱固定，确定是否喜欢这个效果，以便完成背部调整。注意肩胛骨之间的轻微张力。

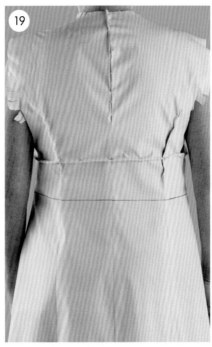

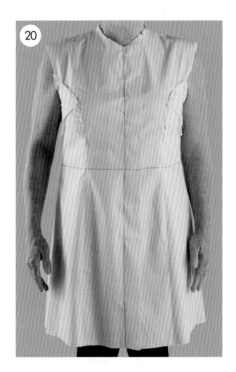

18 背部公主线处感觉稍稍收紧了一点。为了使样衣的背部舒展，拆开后中缝。此时，颈部的后中就松了，这个试衣问题在第3步中也提到了。

19 固定后中缝时，后中缝放出一点量，释放张力；将颈部收紧，消除多余的面料，形成自然弯曲的后中缝。

20 评估样衣裙子的前片。试衣者更喜欢直筒型，而不是A字型。

21 拆开从臀部到底摆的公主线，评估如何调整裙子更符合试衣者的体型。注意没有用大头针固定的一边，前中片的面料被压在前侧

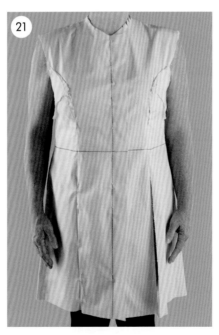

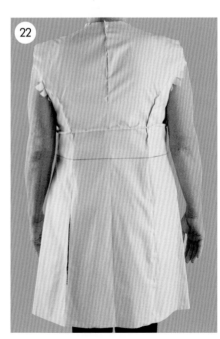

片的下方，表明需要将前片收进一些。试着先收紧样衣的一侧，包括收紧侧缝并用大头针固定。

22 用相似的方法调整裙子的后片，并根据预想的效果进行固定。

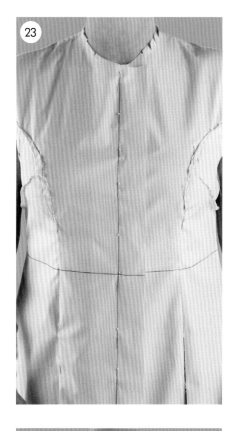

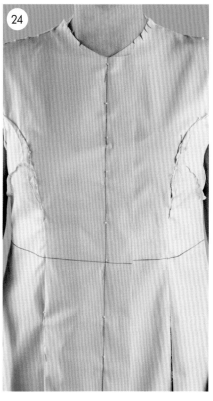

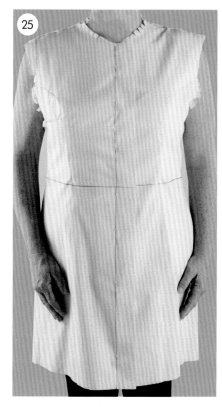

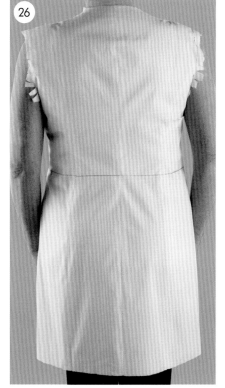

23 再次评估样衣的前片。从肩部到胸部有少量的垂直褶皱，表明前胸宽太宽，这个问题也可提前解决，但有时这类的问题在调整其他部位时就可能得到解决。

24 拆开一条肩缝，检查样衣的前片相对于试衣者的体型是否太宽。在拆开肩缝之前，把后肩缝固定到试衣者的内衣肩带上，防止样衣脱落。将前肩缝移开颈部一点距离，两者相距大约1cm并保持前后肩缝相邻，对合前后肩缝并重新固定。此时，在颈部，后肩缝超过前肩缝1cm；在肩点，前肩缝超过后肩缝1cm。此方法适用于与任何肩缝的重新定位，见第92页。

25 在制作第二件样衣之前，对右前片再次进行微调及固定。如果不调整的话，该样版适合窄胸宽的试衣者。

26 第二件样衣的背面。

插肩袖女上衣

插肩袖和装袖结构上有很大的不同，因为插肩袖有一部分在上衣肩部。

风格与合体性

插肩袖缝与领口相交，相交的位置会影响服装的整体效果。接缝的角度和曲线也会影响服装的整体效果。除此之外，由于需要沿着接缝进行合体性调整，接缝的位置和形状也会影响对服装的调整。有时候，相交处接缝的一个小小的调整，会使服装看起来更美观、更合体。

插肩袖是否与体型相配，一个考虑的因素是肩部的类型。虽然很多斜肩女性觉得插肩袖凸显了其肩部的斜度，其实在服装上使用插肩袖，可以使肩部的线条看起来更加优美。

一些插肩袖的纸样在袖子中间会有一条破分割缝，然而一些纸样在肩部（也就是袖子与一条分割衣身的相交的位置），设置省道塑造袖型。如果破缝能使服装更合体，把纸样上的肩部省道修改成一条分割缝是很容易实现的。

试衣小技巧

在试穿过程中，分割缝可以提供更多的调整机会，为了达到理想的效果，可以考虑在合适的位置增加分割缝。

插肩袖样衣调整步骤

1 样衣的前片。在领口弧线处打剪口，使其放松。注意领口和胸部之间的前中产生了垂直褶皱，说明这件样衣比较宽松。

2 从样衣侧面观察，后片水平对标线较前片低，肩缝指向颈部的后面，样衣前面底摆外翘。这三个问题表明，由于试衣者胸围线与肩部之间的身体长度比样衣短，导致样衣向后移动。评估合体性的问题前，首先要解决试身样衣在人体上位置相对稳定的问题，不能错位，这是很重要的。

3 样衣的后片。注意肩胛骨之间的张力，它产生了由背部到插肩袖缝之间的水平拖拽纹，以及肩缝指向背部插肩袖缝短的水平拖拽纹。同时要注意从肩胛骨到底摆形成的垂直褶皱。

4 正如第2步提到的那样，样衣前片上半身的长度较试衣者长，这需要将前插肩袖缝（前插肩袖与前片接缝）向下移动消除两者之间的长度差，这比从前插肩袖肩缝裁出等量布料的方法更精确，如果按照后者，前插肩袖缝与肩缝线之间的长度会不成比例地缩小。为了弄清样衣前片的缩短量，可以把肩缝和前面的水平对标线作为参考——肩缝指向侧颈点和前面的水平对标线必须是水平的。

5 完成第4步的调整后，让试衣者活动身体，样衣再一次向后移动，如图所示，这很明显，还有试衣的问题没有解决。

6 让试衣者穿上样衣，检查肩缝是否在合适的位置，以及前片的水平对标线是否达到水平。在样衣向后移动的问题解决之前，需要

定期检查肩缝是否在合适位置。因为这件样衣围度看起来很宽松，需要评估一下它的松量。

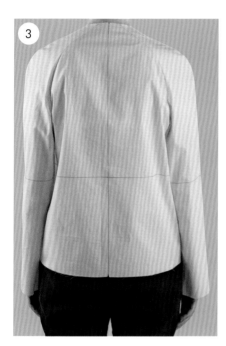

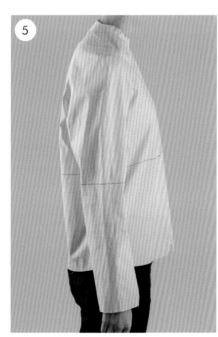

7 将侧缝处的多余面料固定，当侧缝处多余面料过多时，仅调整侧缝来改善服装的宽松度是不够的。此图片中的拖拽纹和第6步中提到的胸部下方到侧腰部的拖拽纹，都表明需要重塑胸型。

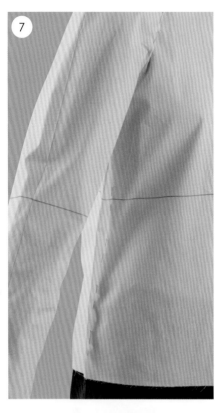

8 试衣者胸小，则需要设置一个小省量的胸省，因为省量过大会在胸部前方形成一个小的或一个大的鼓包。注意一个小胸省在样衣的右边，省道和底摆之间的面料很平整。

9 固定一个横向褶裥使后片的水平对标线达到水平。虽然后褶和侧胸省不在同一水平线上，但褶量等于侧胸省量。另外也可以设置一条后中缝，以消除一些多余量。

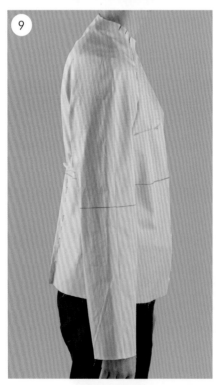

10 注意肩胛骨之间的张力。虽然现在样衣较合体，但这个张力也更加明显了。这时，需要考虑样衣是增加松量还是增加衣长。当试衣者向后面转动身体时，样衣不紧绷，这可能是衣长的问题。

11 将样衣背部有张力的部位水平横向剪开，直到袖子中缝。样衣的背部展开了，表明需要在背部增加长度。因为是插肩袖，所以样版调整很简单，均匀展开，加长中心背部纸样；楔形展开，加长后袖纸样。注意展开部分上方的拖拽纹。

12 固定展开的位置。为了消除第11步中提到的展开部分上方的拖拽纹，将颈部的肩缝拆开，使肩部放松。

13 后肩放出一定的量，然后固定，衣身部分终于合体了。注意袖肥，出现垂直褶量，说明袖肥偏大了。

14 为了减小袖肥，可以调整肩端点以下的袖中缝、袖子的腋下缝或两条缝同时进行。将袖山顶部多余的面料固定，腋下和肩部之间的拖拽纹变得更加明显。在前肘部设置一个楔形，指向袖中缝，使袖子水平对标线达到水平，袖子的下半部分很好地自然下垂。

15 减少袖宽，固定袖下缝，取得了较好的效果，同时达到了收紧侧缝的效果。

16 观察第二件样衣的前片。腋下有褶皱。肩线也需要微调，将肩部中间靠近颈部的少量面料固定。

17 观察第二件样衣的侧面。水平对标线在侧缝处下沉及胸部下方有轻微的拖拽纹。

18 观察第二件样衣的后片。后背小部分区域有上下拉伸产生的拖拽纹，表明后中缝的缝合量太大了。后腋下也需要微调，这需要在有足够的活动范围和衣服的外观之间进行权衡。

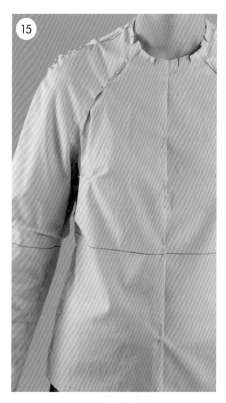

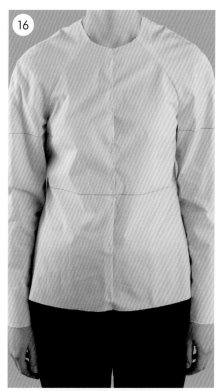

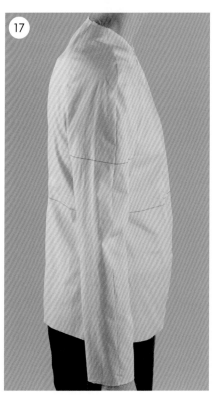

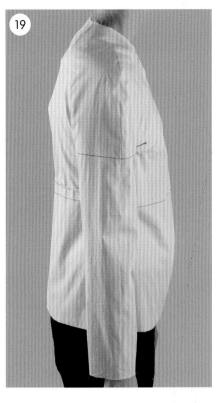

19 为了使水平对标线达到水平，在侧缝增加一个楔形，指向后中缝。通过增加前片腋下的省量，使前片的水平对标线达到水平，增加省量也可以消除胸部以下的轻微拖拽纹。微调省道的位置，而不是重新画一个省道，只是画一条线来确定新的省道位置。增加省道和重新确定省道的位置的纸样制作，见第125页。

20 当被测试者手臂向前伸时，注意背中部、腋下和手臂处的张力。

21 为了让手臂有更多的活动范围，后插肩袖缝放出一定的量。

22 为了解决前腋下的问题，检查插肩袖缝是否通过试衣者的前腋点的位置。如果经过前腋点位置，这件样衣穿起来会很美观，很舒适。

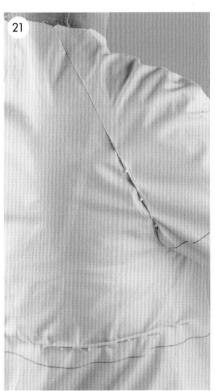

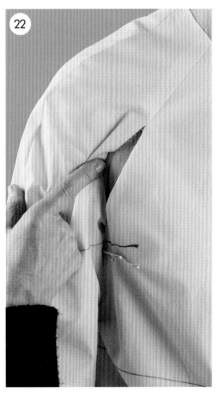

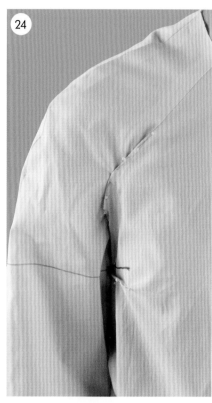

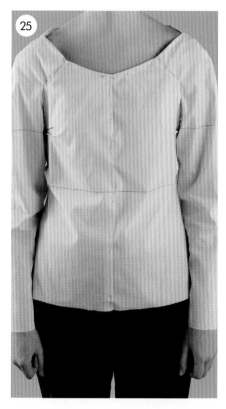

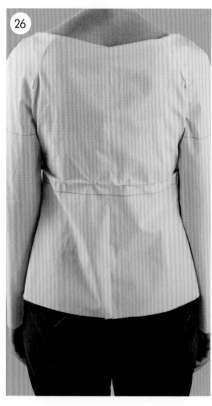

23 在样衣上找到前腋点的位置，如果有需要，在坯布样衣上标出前腋点的位置。

24 在这种情况下，将拆开部位的前衣片放开一些，同时前袖缝收进一些，重新固定插肩袖缝。

25 在造型上，试衣者如果喜欢开大领口，多做一些尝试，可以找到合适漂亮的领口造型。

26 从背面观察新的领口造型。

27 在评估领口造型的同时，也要对样衣整体进行评估。合体的腰省看起来很美观，试衣者也喜欢这样修长的视觉效果。

28 关于袖子的长度，需要考虑袖山顶点设置在哪个位置。根据袖山顶点所在的位置，可以考虑设计一个分割缝，视觉效果会更好一些。

29 为了制作出最终服装，我们又制作了两件样衣。对于第三件，合并了领口并进行了调整，还检查了第二件样衣的调整处，并在需要的位置再次进行了调整。第四件样衣的合体性和领口造型正好是想要的效果，标记出最终分割的位置。对于一些试衣者，有可能需要制作第五件样衣来确定分割的最佳位置，此时，已没有必要进行样衣制作了。这些额外的样衣会给你更多的机会发现造成服装合体问题及风格变化的原因，所以在选择时装面料时，就不再对服装样版或者合体性有怀疑了。

纸样绘制实例

基础纸样制作技术，请参见"纸样修改的基本原理"。

增加省量和重定省位

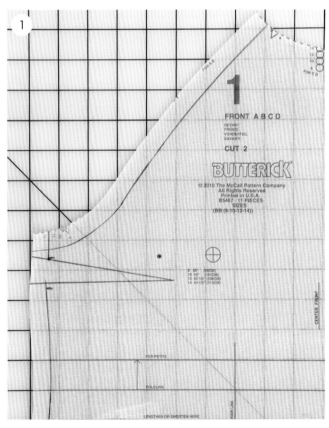

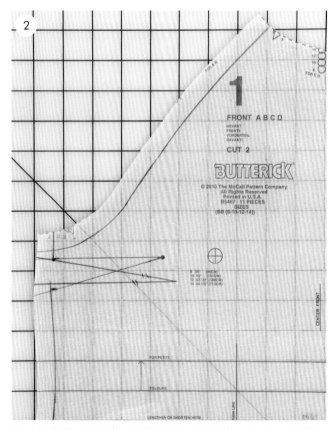

1 新的省边线的位置和省尖点用红色表示。

2 将省边连接到新的省尖点，省道的两条边需要进行校准，使其长度相等。

体型和样版变化的试衣修正

　　服装不合体的部分原因是体型的千差万别，每个女人的身体比例都是独特的。尽管可以对人体体型进行广义的概括，但细分个人的体型还是非常困难的，原因是有相似但又有更多的不同。

　　致力于使用适当的面料来体现和提升试衣者的体型时，通常都会有好的效果。但试图使其身材符合广义的类别或规则时，却达不到好的效果。

　　没有概括类别，就没有逻辑方法来讨论变化。本章将讨论身体不同部位的试衣修正方法。将会提供更多不同造型线的上衣示例。一些造型线会使某些部位更容易贴体。若一种造型线的服装不合体，可考虑尝试另一种造型线。例如：如果胸围过大，

而侧胸省无法完美贴合，就可尝试使用公主线。

　　探索身体的某一部位合体性时，必须从整体去看，而不是孤立地只看某一部位。一件衣服后片的合体程度可能与胸部的合体程度有关。上一章旨在帮助你了解流程，这一部分为你提供在试衣过程中可采用的方法。

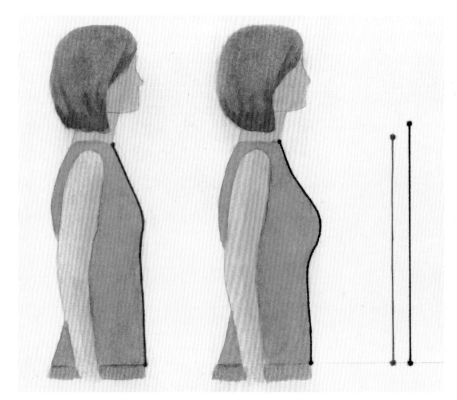

从领口线到底边的距离，大胸身材的前襟比小胸身材的更长。

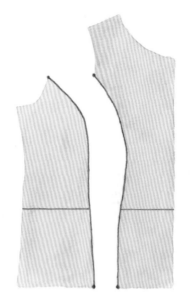

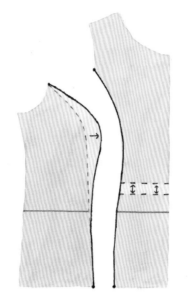

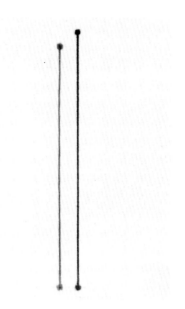

公主线样版适合小胸身材。

对于大胸身材，该样版的侧片向外扩展，以贴合更大的凸起。由于分割线的长度增加，相邻的前中片样版的长度也必须加长。

这两条线显示了两条公主线的长度差异。

胸围及理解胸围调整

　　为使服装合体，能体现胸部尺寸和形态的样版是必要的。对许多女性来说，贴合胸部是试衣和制版最具挑战性的方面之一。制作前片样版的第一步是了解胸部的尺寸，胸部的尺寸对服装的宽度和长度都有影响。

　　为了探讨这个话题，假设有两位女性下胸围尺寸完全相同。但是，女性A是大胸，胸围为102cm，而女性B是小胸，胸围为86cm。

　　女性A的前衣片需要比女性B的宽，因为布料需要包裹更大的胸部，这个通常比较容易理解。需要注意的是，女性A的前衣片的长度也需要长一些，如上页中的插图所示。

　　一旦了解了身体上的这些关系，就可以将这些信息转化为样版。

　　较小的胸围样版修正过程与大胸的过程相同，但方向相反。减小样版的前侧片宽度，以贴合较小的凸起。由于袖窿至底边的长度减小，相邻的前中片的样版长度也必须改短。

试衣时修正胸围样版

在本章和上一章中，有许多有关胸部试衣的示例。在试衣前没有对纸样进行任何更改。在人体上处理面料，可以提供更多的机会去尝试如何做出让试衣者更满意的效果。

许多人更喜欢在裁剪第一件样衣前对纸样进行修正，做大胸或小胸的调整，这样做通常会减少在试衣过程中对样衣更改的次数。在试衣过程中，对胸围进行过多调整会导致其他问题，并且还很难纠正。因此，最好在初始的纸样上先做适当的修正。

在带侧胸省的纸样上调整大胸和小胸

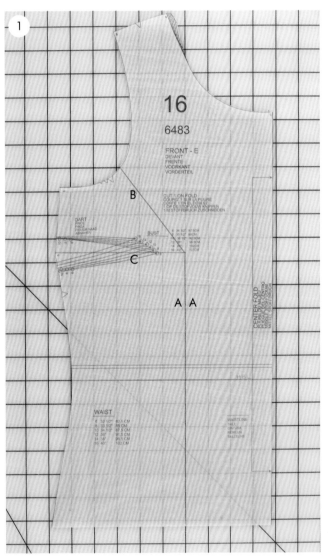

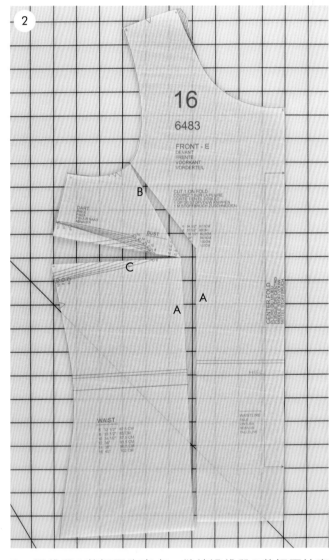

1 过胸高点垂直向下画直线段A，该线与经纱方向一致，也就是与前中线平行。从胸高点至袖窿弧线的下部三分之一处画直线段B。从胸高点至省口中心画直线段C。

2 沿线段A剪切至胸高点，继续沿线段B剪切至袖窿处，但不能剪断。沿线段C从侧缝处剪切，但胸高点处不要剪断。

大胸调整

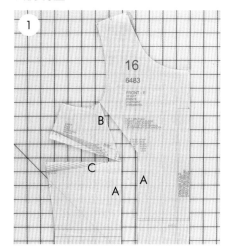

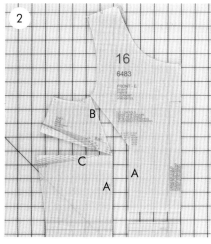

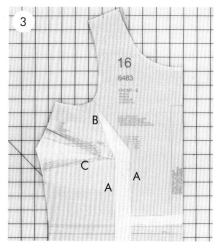

1 对于大胸的调整，将纸样剪切部分旋转展开。如此，省道将自动打开。将前中心与网格线对齐，并使线段A的两侧平行于网格线。纸样展开量取决于所要的胸围调整量。有关指导，请参见下一页。

2 要使前片纸样正确，在水平对标线上方绘制一条垂直于中心轴线的线。沿线剪开。下移剪开的纸样，使其均匀平齐。

3 将展开的纸样固定在纸张上。省道补充完整，省尖点位于展开的中点。将省线连接到省尖点，并使省线正确。

小胸调整

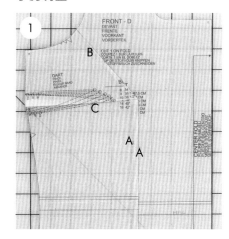

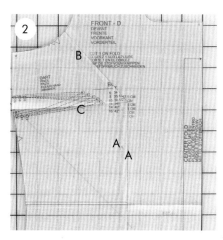

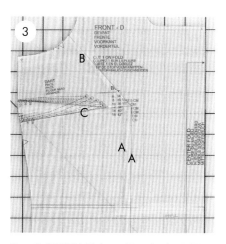

1 对于小胸的调整，将纸样剪开部分靠拢，如此，闭合省道。使前中心轴线与网格对齐，并使线段A与经向线平行。

2 要使前片纸样正确，在水平对标线上方绘制一条垂直于中心轴线的线。沿此线剪开。上移剪开的纸样，使其平齐。

3 将纸样粘贴在一起。如有需要，可重新绘制并调整省道两条边的长度。

带有公主线的大胸和小胸样版修正

第97页上的图显示了完整的袖窿公主线样版修正。肩部公主线样版修正与其原理相同。对于较小胸的调整，可减小前侧片公主线的曲率，并缩短水平对标线上方的前中片的纸样长度，以确保前中与前侧片公主线的长度相等。

当带有公主线的样版进行大胸型或小胸型调整时，前中片的公主线是控制分割缝的位置，而侧片公主线则为胸部提供造型。

展开量和闭合量

为调整大胸或小胸而展开或闭合样版，其大小取决于胸部形态及罩杯尺寸。以下提供了数据，以B罩杯设计的样版为标准。调整量是针对样版的一侧，因此整个前片的总增加或总量应为该量的两倍。

AA罩杯——闭合1cm

A罩杯——闭合6mm

B罩杯——不变

C罩杯——展开1cm

D罩杯——展开1.9cm

DD罩杯——展开3.2cm

用侧胸省塑造胸围

增加省道量

1 这件样衣有侧胸省、胸部贴合，衣身较为宽松但无造型。注意从胸部至腰部两侧的拖拽纹，这暗示省道量需要增加。

2 实际上，侧缝中也有多余的面料。

3 增加侧胸省量可以消除在第1步中提到的拖拽纹。小的腰省使试衣者看起来更利索，身材比例更匀称，样衣没有紧绷感。

4 如有需要，可使胸部与袖窿处更贴合人体。注意不要过于合体，否则袖窿处会紧绷，使得胸看起来较低。如果想贴体且美观，可通过省道转移的方法将侧胸省和袖窿省合并成一个省道。

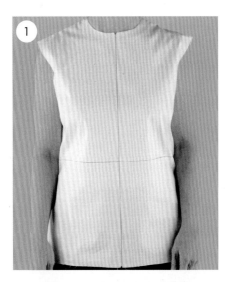

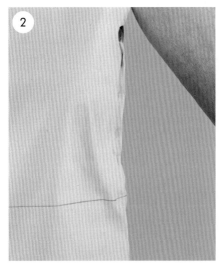

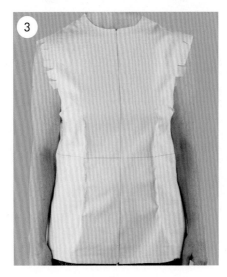

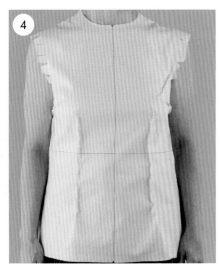

做一个省道和多个平行省道

1 胸部有足够的面料，但拖拽纹表明需要增加省量才能达到合体。

2 从侧面观察样衣，注意袖窿处起空及胸围下方到腰部的拖拽纹。

3 可采用两种不同的方式使之合体。一种是先固定袖窿省，然后将其再转移到侧胸省处，也就是与已有的侧胸省合并；另一种是直接增大已有侧胸省。

4 或者做一个新的省道。如果通过立裁的方法做省道，可以尝试不同省道大小和位置，并能立即看到效果。捏省前，先拆开侧缝的上部，将其下拉至现有的侧胸省的位置。然后把胸围上方袖窿处的多余面料移到侧缝，随后用手抚平，将侧缝处的面料推至原来省道的位置。前袖窿处不要将面料拉紧，要留足够的空间以使其贴伏身体。用两只手捏住省道起止的位置，形成省道。

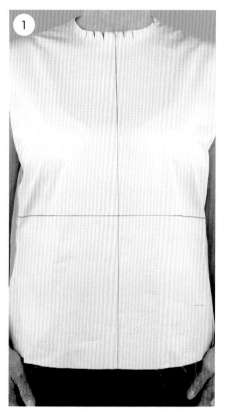

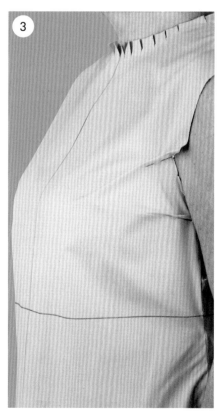
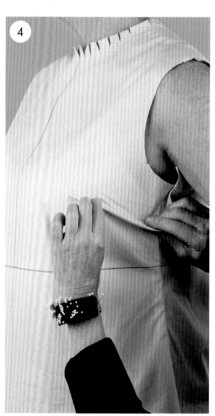

5 向上折叠省道，使其贴伏身体。这时，可以试验省道的大小、位置及角度，省道的使用应足以消除第2步中胸围下方的拖拽纹。

6 省量及省的位置确定后，用大头针将省道固定。注意衣身前中心和侧缝之间的胸围下方的布料有轻微褶皱。

7 增加腰省可塑造更多的造型，而不会使样衣紧绷，并且消除了第6步中提到的轻微褶皱量。

8 进一步评估试衣者的胸部形态，可帮助确定如何使服装更合体。该模特的胸部侧面圆润，上下胸部都饱满。

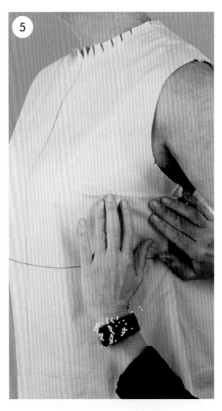

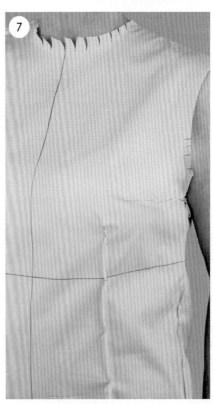
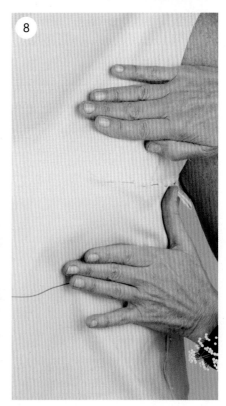

9 平行省道适合用于胸部比较丰满的女性，平行省道可以收进多余的布料。上下两个平行省道也能将布料收进得更加均匀。该模特的胸部上下较宽，平行省道能更贴合其胸部形态。要建立平行省道，将省道量分开，先收一个省，再收第二个省。制图也非常简单，只需将样衣上的省尖和省边拷贝到纸样上即可。

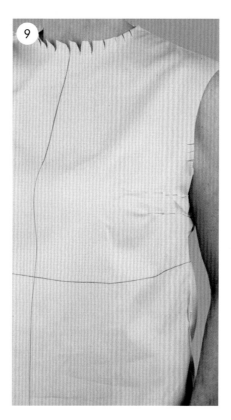

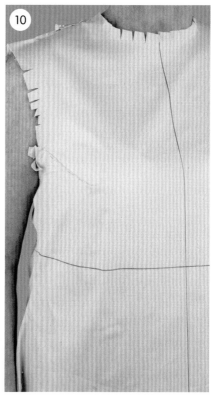

10 侧胸省也可以转移到袖窿处。过程与第4步中相同，其不同之处是将所有多余的面料都被轻轻推到前袖窿处。

胸围上下的松量修正过程

1 调整胸围线与肩线之间的长度，这也是修正胸围的一部分。样衣向后移动，说明该试衣者的胸部和肩部距离较短。

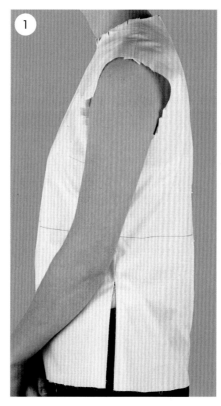

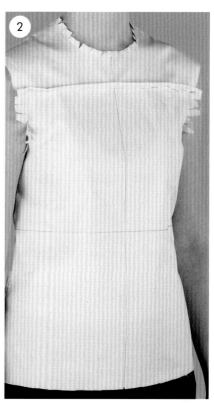

2 水平折叠样衣的上部，使样衣与试衣者的身体比例相称。即使该模特的胸围较小，但还是发现胸的侧面朝臀部仍有轻微牵拉现象。

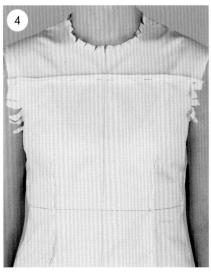

3 省道的增加可消除轻微拖拽纹，但也会导致水平对标线升高。

4 腰省也可消除拖拽纹。此外，腰部收省也可对衣身塑型，使试衣者感到合身而又不紧绷。

带有袖窿公主线的胸围塑型过程

在公主线处放出一部分量

1 注意衣身胸高点位置有张力，这表示胸部空间不足。还要注意公主线上部的前袖窿处和胸部以下有多余的面料。

2 拆开胸部两侧的公主线。面料没有贴合胸部，这表示需要增加布料。如果公主线在胸高点上或非常靠近胸高点，那需要调整侧面的公主线的位置。记住前中片的公主线是控制公主线的位置，而侧片的公主线是在塑造胸部的形状。

3 固定前中片的公主线，在侧片的公主线处放出一定的量。再拆开公主线的上部，以消除前袖窿处多余的面料。将前侧和下方面料推至一起，然后用大头针固定。注意不要过度拉扯。将余量从侧缝捏一个楔形直至胸高点，消除了第1步中提到的多余的量。调整好后片水平对标线后，胸部的合身性才得以最终确定。

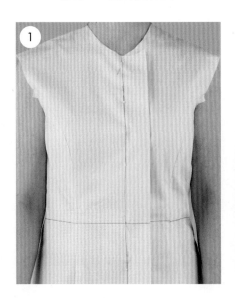

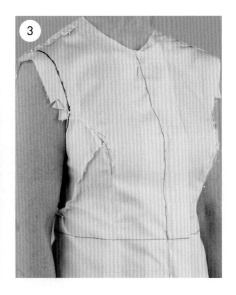

公主线位置

1 注意胸部有多余的面料，这表示胸较小。公主线不在"X"标记的胸高点上方或附近。

2 公主线的位置会影响样衣的穿着舒适度以及美观度。如果将公主线经过胸高点，从前面观察样衣，试衣者的腰围看起来很瘦，而从侧面观察样衣，腰围宽度感觉比例偏宽。前中片的公主线收进，侧片的公主线拆开放开一些。

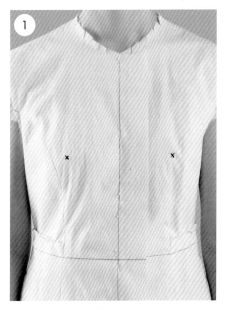
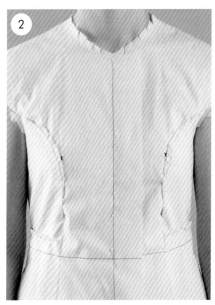

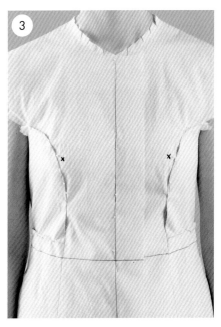
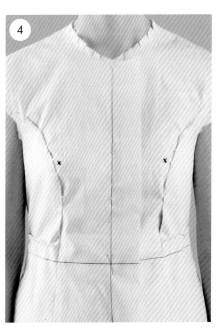
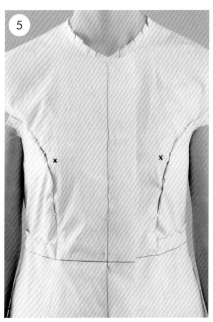

3 如果将公主线位于胸高点的侧面，从腰部向上整体比例是比较好的。但是，公主线的上半部分的曲率以及与袖窿的交点的位置都会影响样衣的视觉效果。紧绷的曲线使胸的位置看起来较低。

4 如果在袖窿处的交点过高，会使试衣者显得更瘦。

5 在第3步和第4步中找到其位置的交点，使试衣者的身材比例看起来达到最佳。对前中片的公主线收进和前侧的公主线放开一些来调整位置。即使现在公主线的曲线处于较满意的位置，但胸部的贴合度仍不令人满意。

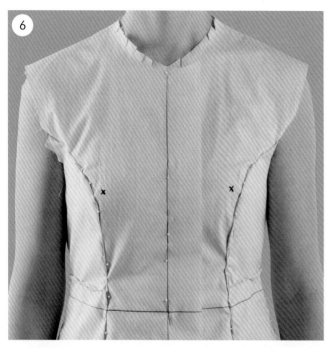

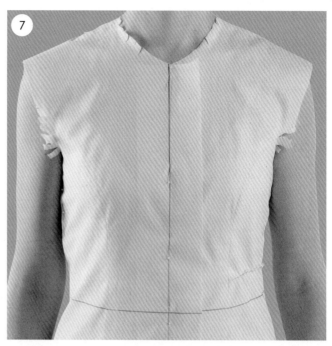

6　将胸下侧片的公主线少量收进，样衣看起来较之前有很大的差异，服装与试衣者的身材比例相称。

7　第二件样衣。注意右侧的轻微松弛和拖拽纹。由于水平对标线在侧面向下倾斜，从侧缝开始捏一个楔形到前片公主线，后片也同样捏一个楔形到后片公主线。可以看出左侧已消除松弛和拖拽纹。

挺胸体的调整

1　试衣中一些问题可能需要一段时间才能理解。对于此过程的后续阶段发现了实际问题再解决。以无袖上衣的试衣过程为例，注意胸围的松紧度、前袖窿处多余的面料、胸围下方至侧缝的拖拽纹（这是挺胸体的原因），以及腹部，也显得略紧。

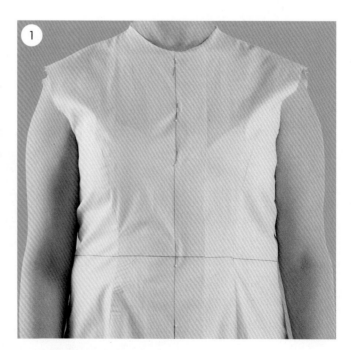

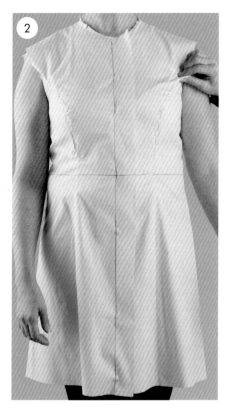

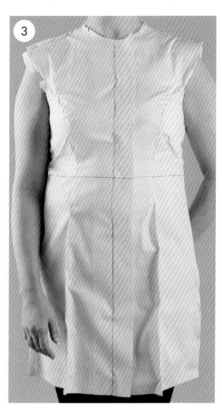

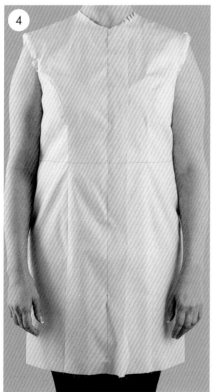

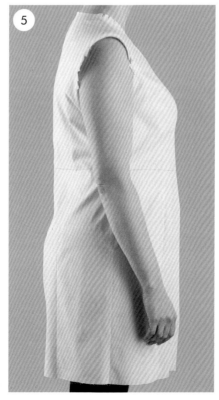

2 拆开侧片的公主线并放出一定的量以贴合胸部。在试衣者的右侧，调整并固定公主线以上部分，消除袖窿处多余的面料。此样衣中，也就是将前中片和前侧片的袖窿需要一同收进。

3 这是修改了后片和前侧片的第一件样衣，明显合体了很多。试衣者喜欢下面部分的裙子呈直筒型而不是喇叭型。

4 第二件样衣。胸围和袖窿处都比较合体。注意水平对标线上方样衣两侧的拖拽纹，以及水平对标线下方前片的公主线至臀部的拖拽纹。

5 从侧面观察样衣，试衣者的身材更加明显：凸出的胸部，凹凸的背部和轮廓分明的臀部。胸部本身是丰满的，但挺胸体的胸部更丰满。如果不解决这些问题，则胸部就无法贴体。背部合体与前片合体是密切相关的，可在其他章节（第112、155页）中看到与此相关的试衣过程。

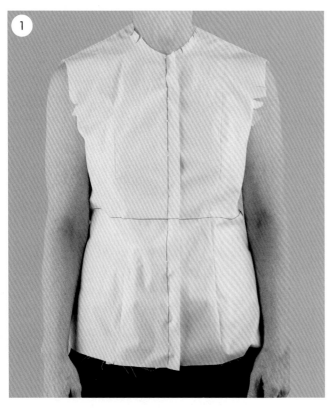

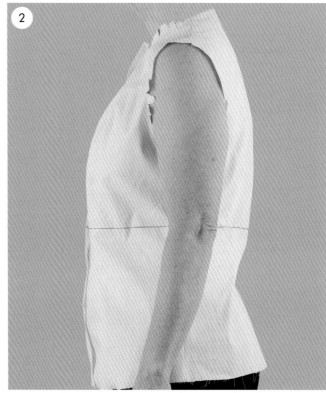

用肩部公主线塑造胸围

胸部以上和以下的松量修正过程

1 需要有足够的空间满足胸部的需要。注意样衣胸部
到肩部之间较松，袖窿处超出人体臂根围几厘米，
中间有过多的面料，这些都表明样衣太宽也太长。

2 从侧面观察样衣，注意试衣者胸部上方多余的面
料，这表示该样版是为其他不同的胸部形态的人制
作的。这种过多的量表示胸部上方的宽度太宽。

3 在颈部以下几厘米捏横向褶裥并固定，以消除多余
的长度。捏住前片的一边布料，了解样衣多余的宽
度以及确定需要消除宽度的量。

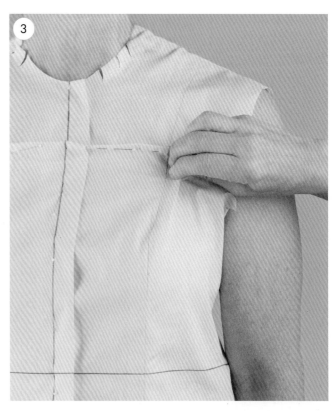

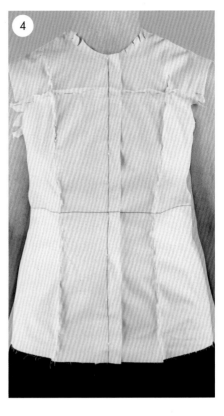

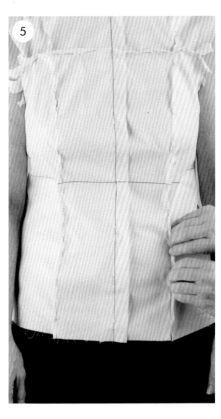

4 固定胸部以上宽出的量。在这个案例中，所有的宽出的量从侧面去除，但某些情况下，也可以从公主线的两侧将其去除。

5 胸围以下的合体也是胸部合体的一部分。从胸以下到底摆之间，固定宽出的量，使样衣更合体。评估在分割缝里去除的余量。服装的合体程度或宽松程度根据个人喜好而定。

6 使样衣更具造型和合身的另一种方法是加入腰省，如图所示，这与沿着公主线消除余量的效果不同。

7 如果既要臀部合体又要保持胸部形状，腰省的省尖点不要超过胸围线和臀围线。

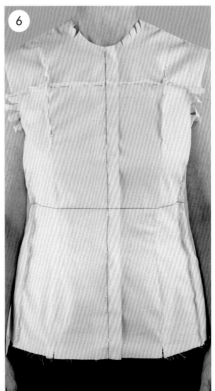

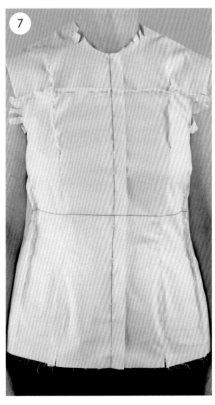

8 从侧面看腰省。

9 在试穿过程中，将样衣转换为其他造型服装，会感到赏心悦目。如将领口做成略呈圆形的V型造型。

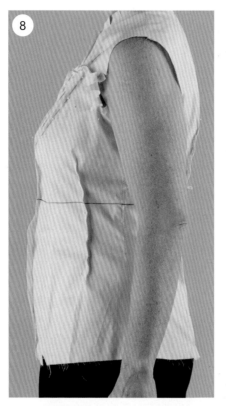

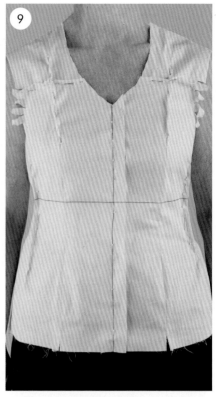

确保服装位置的稳定

1 有时，胸部的合体性与其他部位相关。如果衣身不稳定，会出现这种情况：即使前领口线已经打了剪口，也会使试衣者感到不舒适。除此之外，从颈部至胸围两侧的拖拽纹表示前领口处有张力。这是由样衣向背部移动所致。注意前片水平对标线略微倾斜，这表示前衣身某部位太长。

2 从侧面观察，注意样衣肩缝向后倾，后颈处有多余的面料，且前片水平对标线低于后片的水平对标线。这些现象表明前片上身太长。但还要注意背部凸起的肩胛骨。

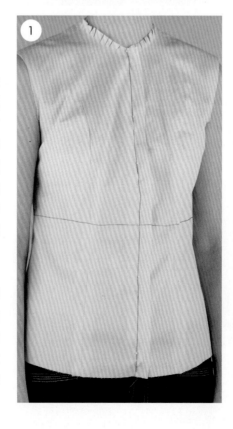

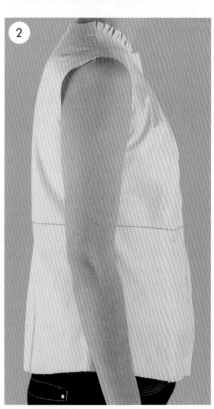

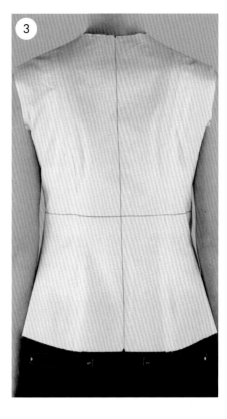

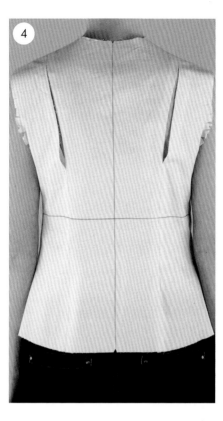

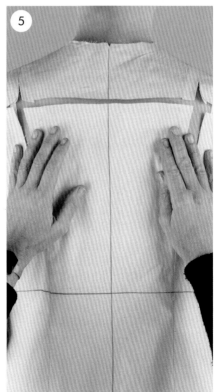

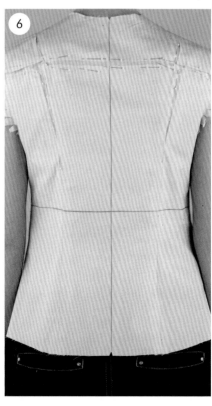

3 从背面观察样衣，注意肩胛骨之间面料的张力，该张力使得布料看起来过紧，并且造成背中部起空。

4 后袖窿处打剪口以消除此处的张力。拆开后片公主线能缓和张力，但背部肩胛骨处仍存在张力。还要注意已拆开的肩缝底部有轻微袋状，这种袋状表示背中部的长度不足。

5 要观察后背长度是否太短，将后背中心和靠近背部袖窿接缝处水平剪切，标出最大张力的位置（两侧肩胛骨处）并剪开。面料张开，后领口向上移动。

6 将另一块面料放在剪切后的衣片下方，并用大头针固定。然后，后片公主线放开一定的量并固定。样版制作方法见第166页。

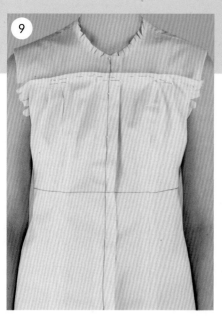

7 后身长度适中，水平折叠胸线以上面料以校正前片长度。在前袖窿处打剪口以消除此处张力。前领口放松与颈部贴合。

8 从侧面观察，前片水平对标线仍然偏低。

9 要提高前片水平对标线，需要将前片缩短一些。与第7步中的方式相比，将前片褶量增加，会使胸部以上部位看起来不美观。

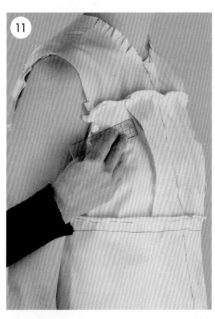

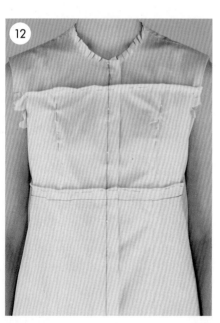

10 在前片水平对标线上方和胸部以下将面料进行第二次水平折叠，这样效果会更好。衣片的长度都已处理好，可以开始修正胸围。

11 胸围处有过多的面料，不是将多余的量直接固定，而是拆开前片公主线。这时，前侧片多余的量移到了前中片的下面。

12 固定前片公主线。试衣者的胸部得以展现。

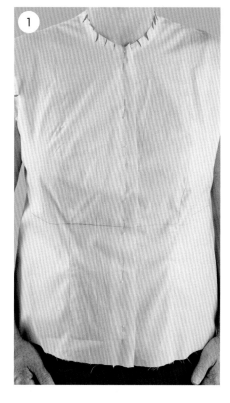

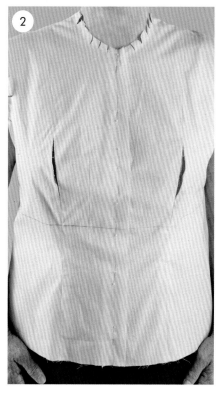

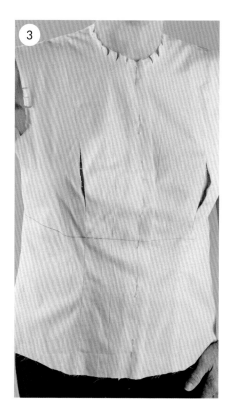

找到张力

1 注意胸围至领围和胸部以下的拖拽纹。

2 试衣前发现，由于胸部丰满圆润，在胸下容易产生拖拽纹，而要消除拖拽纹，则需要增加腰省。要消除胸以上的拖拽纹，先拆开公主线，展开一点点。如果胸部至领口仍有拖拽纹，那么就要将公主线的顶部拆开才能消除。

3 有张力通常暗示过紧，因此可检查其他部位的松紧程度。侧缝上部有多余的面料，因此前衣身有足够的空间。

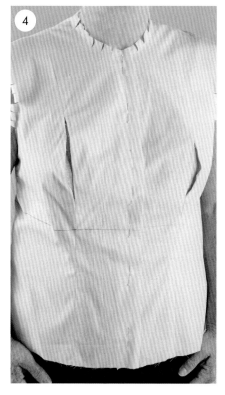

4 在追踪导致前片公主线和领围之间拉紧的原因时，拆开公主线，且稍高一些。就像第2步一样，当这条缝被放开后，张力在缝的上部消除。

5 当前片公主线拆开得再高一些后，多余的面料从公主线由上向下形成泡状。

6 拆开前片公主线直至肩部，拆开的公主线上部会形成相同类型的泡状。

7 由于前片的公主线和前侧片的公主线长度必须相同，所以泡状的出现就成了问题。不能直接用大头针固定成楔形将泡状消除，也不能用大头针固定到领口，如果这样做，会导致前片的公主线的长度比侧片的公主线的长度短。要解决此问题，应将肩缝拆开，然后将前片公主线的余量往上赶，一直赶到肩部，将余量在肩缝中去除。

8 拆开侧片的公主线并放出部分缝头，以填补第7步中产生的缝隙。重新固定肩缝和前片公主线。有趣的是，只需在公主线顶端将缝份量调小一点点，其他部位无需在宽度上进行调整。固定腰省，以使胸围侧面弧度合适。如有需要，可将多余的量收进侧缝。

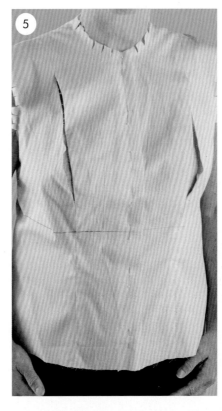

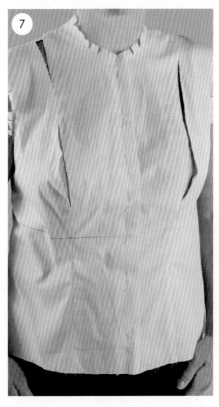
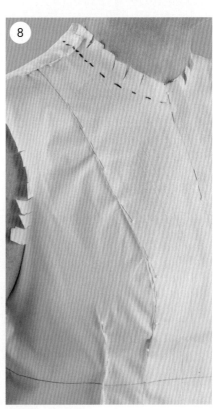

用侧片塑造胸部

省道的加放和位置

1 该样衣胸部有足够的空间，是较为宽松的箱型，造型简单。注意胸部上下的轻微拖拽纹。

2 从侧面观察样衣。如第102页所述，带有侧片的服装通常要加入胸省使其合体。提高后片水平对标线使其与前片水平对标线齐平，这是确定胸部所需的塑型量的好方法，因为前侧片与前中接缝的长度必须相同。有时它们长度不相等(差量为缩缝量)，会达到更好的效果，但它们一般是相等的。

3 拆开前侧片接缝。

4 将省道放置在合适的位置，使其美观。这个胸省可以有不同的角度，位置恰当的话，会使腰部显得更细。

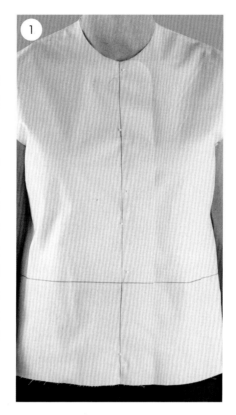

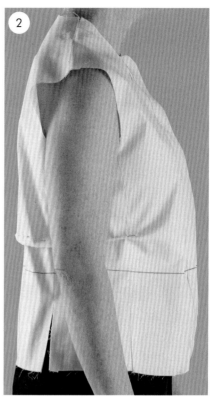

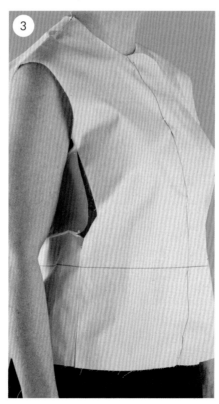

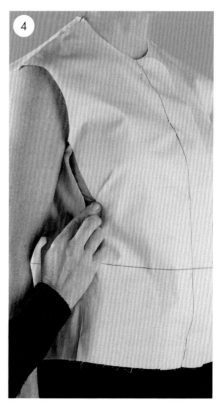

5 这个胸省更水平，使胸部看起来更加凸出。

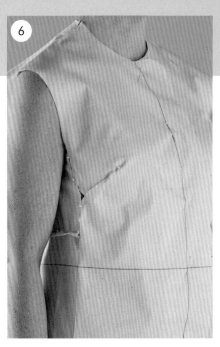

6 捏一个这样角度的省道，既满足合体的要求也好看，将其固定。在这个例子中，在省道以上需要将缝头减少一些，也就是放出一定的量，然后固定前侧缝。

7 该样衣还可以做得更合体一些。在这个案例中，在纸样制作时，将袖窿省转移到侧腰省处，也就是将两个省道合并。

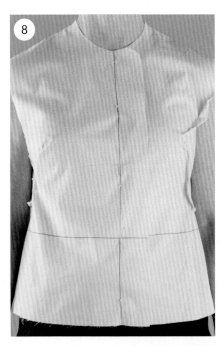

8 从正面观察这件试身样衣，衣身两侧各有不同。右侧保留了夹克的箱型的外观造型，而左侧则更为合身。

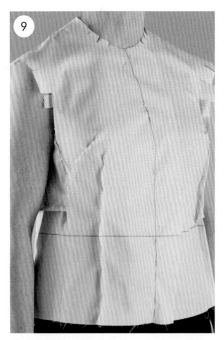

9 通过固定腰省来减少胸以下多余的布料。

10 第二件试身样衣。合体性较好。增加胸省以消除胸围下方至侧缝的拖拽纹。该样衣很适合试衣者的体型。

修正省道量和消除围度松量

1 试衣前发现，试衣者的胸到肩的长度较短，这导致试身样衣的胸以上的布料过多。

2 将前衣身布料水平折叠，确保其长度合适，这是胸部调整的第一步。

3 调整背部长度，增加长度后，评估胸部布料。胸部有多余的布料，胸至腰侧有拖拽纹，这表示试衣者的胸较小，需要对胸部进行塑型。

4 从正面观察样衣，第3步中提到的拖拽纹很明显。目前，前片水平对标线和后片水平对标线处于水平状态，因此胸围的松量比第2步中胸围的松量明显地多了。由于此样衣的胸到肩之间的长度较合适，因此选择此样衣试衣，而不是选择一件小码的样衣来试衣。

5 评估多余的围度量。

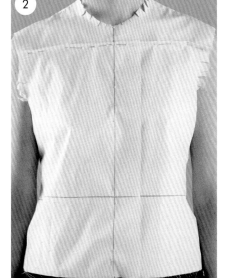

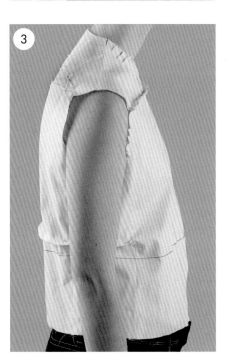

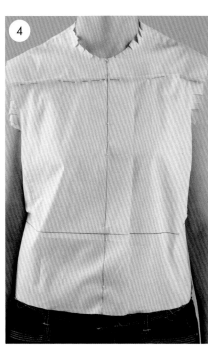

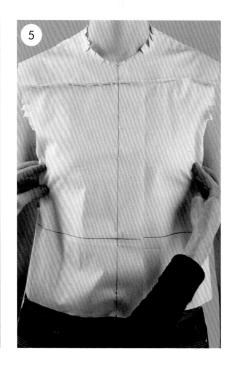

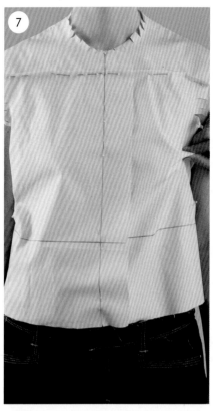

6 评估需要多大的省量。如图手的位置，加入较小的省量，使水平对标线保持水平。省量的大小决定于胸部的形态。

7 随着省量的增加，水平对标线会提高，注意省道创造的空间大于胸部所需的量。

8 将已收的省道，在侧缝处再收进一些量，减少围度。由于省道缩短了前侧片的长度，因此需要从前侧片接缝处开始向后片侧缝固定一个楔形。

9 增加腰省使胸围和腰围更合体。

10 进行一些小的调整后的第二件样衣的样子。

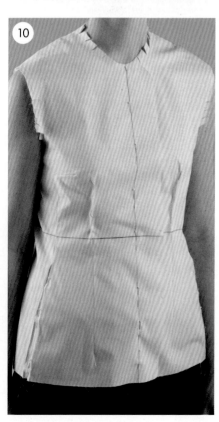

塑造插肩袖服装的胸部
添加侧胸省并调整后背的长度

1 胸部有轻微的牵拉力，不一定要增加样衣尺码，需要考虑样衣总体上的松紧程度。注意胸以下到侧缝的拖拽纹以及底摆线向外张开，这都表明需要对胸部进行塑型。

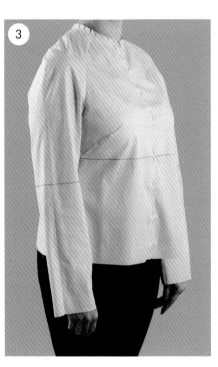
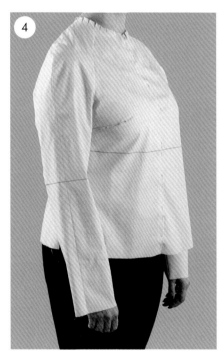

2 从侧面观察样衣，很明显，需要结合前片调整后片的长度。

3 在前片加入侧胸省，这使服装自然垂下且底摆不再向外张开。此侧胸省的角度与插肩袖缝的角度不相称。

4 此侧胸省的角度较为适宜。胸以下仍存在轻微的拖拽纹，可以通过增加侧胸省量或加入腰省来消除。

5 从后中线起用大头针固定一个大一点的楔形，并使后片的水平对标线处于水平位置。在侧缝处，后片楔形缩进量与前胸省的开口大小相等。沿后中心固定的多余面料形成后中缝，使样衣与试衣者的身材比例相称。到目前为止，前后片较为平衡，再重新审视前片省道。

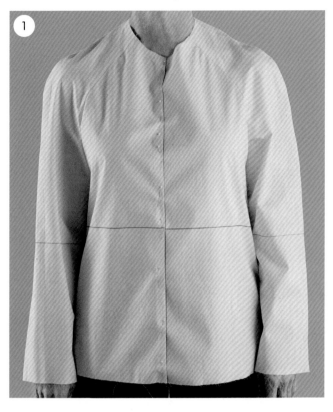

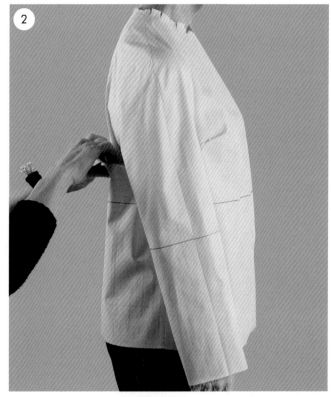

创建公主线

1 样衣中胸部上下都较为宽松有足够的空间，胸以下至侧缝有拖拽纹，这表示需要修正胸部的造型。

2 用大头针固定胸省，以消除第1步中提到的拖拽纹，后片加横线褶使水平对标线处于水平位置。

3 为了使样衣造型漂亮，首先固定腰省，从胸围下方开始向胸高点贴合，发现侧胸省给胸部提供了足够的空间，将多余的量固定在胸高点处和胸以上。如果将省道一直收到插肩袖缝的位置，省道就可以与腰省连成一条缝成为公主线。制版如下页所示。除了公主线之外，样衣还需要进行进一步的微调。

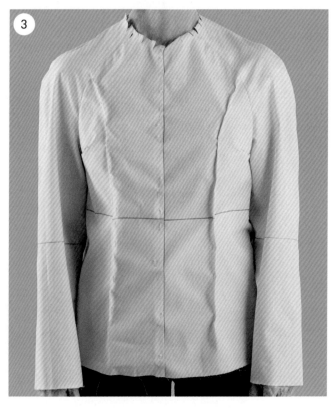

制版示例

了解基本制版技术，请参见"样版修正基础"（第44页）。

在袖窿处修正袖窿公主线

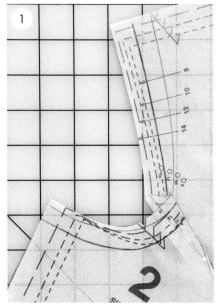 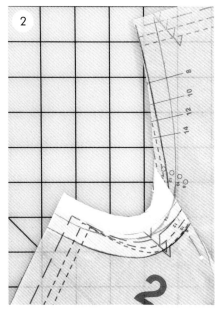 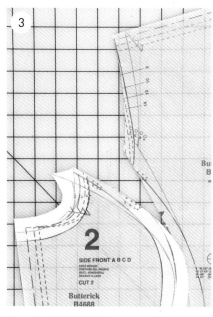

1 在此纸样上，画好新的公主线后，袖窿弧线因堆叠而无法匹配连接，如图例所示。

2 要解决此差异，用纸张将袖窿弧线补齐，图示绿色表示袖窿弧线。调整好缝份量，沿新的裁线剪切。

3 修正好的纸样。

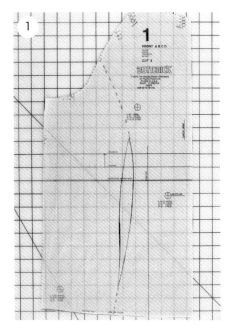 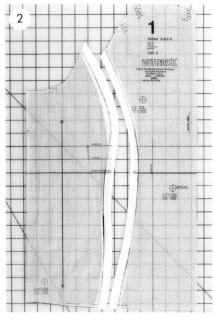

用腰省创建公主线

1 此样版上，腰省和虚线表示公主线的位置。腰省的两侧将分别成为前中片和前侧片的新公主线。

2 画顺公主线，剪切新的公主线，形成前中片和前侧片的纸样。在每条公主线处增加缝份量，然后沿新的裁剪线剪掉多余的纸样。

衣身后片

试衣时，保持后片长度、围度与曲度的合体以及袖窿、肩部和领口的服贴是十分重要的。后片的试衣相对复杂，多因素相互影响，很难搞清楚究竟是哪里出的问题。然而，在熟悉面料特性的基础上，再合理地使用水平对标线，可以帮助我们很好地解决试衣中的问题。

基础款上衣的后片试衣
窄背

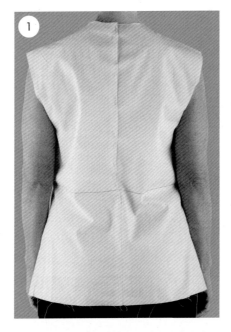

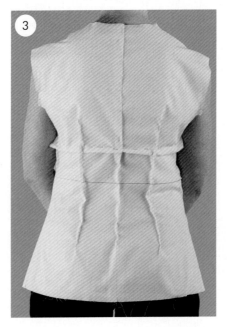

1 注意后片多余的面料，尤其是腰围以上的部分。

2 注意后片上水平对标线位置有点下沉。

3 为使水平对标线上移，通常会在已标记的水平对标线上方横向打褶裥或捏一个封闭的楔形。为消除后片面料的垂直方向的余量，通常将这些余量分配到衣片的后中缝和腰省里。书中第89~90页对此有更详尽的说明。另外，检查后袖窿处是否过于宽松。

4 用手捏住后袖窿处的布料大致评估余量多少，并将这些多余量设计成省道，可以将省道转为肩省或者领省。因为这里有腰省，做成肩省更好看一些。

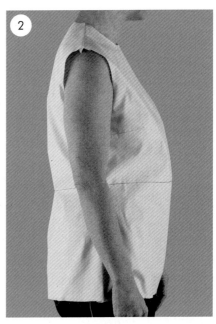

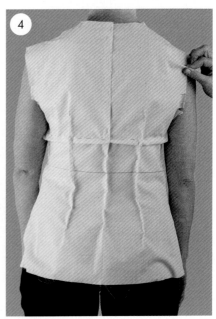

5 设计肩省时，需先拆开肩缝，然后在后袖窿处顺着手臂弧度将布料抚平。消除后袖窿处余量，肩部会隆起多余的布料。

6 把多余的布料做成肩省，并固定。

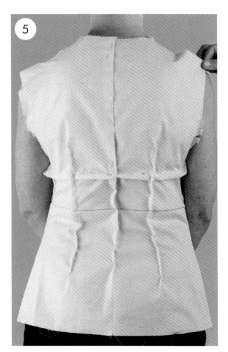

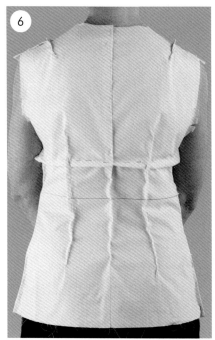

宽背

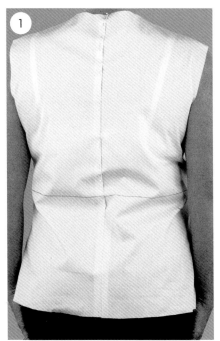

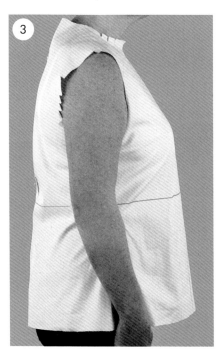

1 样衣的后片，注意后领口、后腰的布料余量，以及后袖窿处有点紧。

2 在后袖窿处打剪口，一直打到后腋点的位置。

3 从侧身看，后片的水平对标线有些下沉。注意样衣的臀部有张力，产生了拉扯。

4 在后片水平对标线的上方捏褶裥使其上移，水平对标线下方的布料自然下垂且留有足够的余量即可。这件样衣的余量太多，另外也要注意后领口出现了余量。

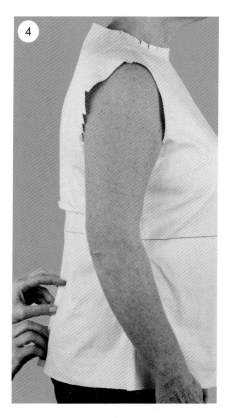

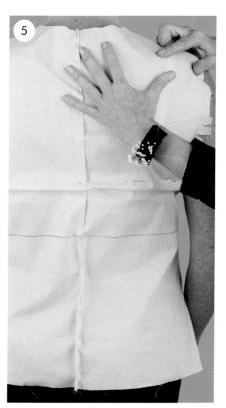

5 用手轻抚试穿者的背部有助于了解其骨骼、肌肉的构造，这对试穿很有帮助。从图中可以看到，试穿者的背部以上中间部分是起空的，肩胛骨的部位是合适的。

6 将领口的余量设计为领省或肩省。做领省时，在后领口处用大头针将多余的布料捏省固定，省尖指向肩胛骨凸起的位置，如图领口左侧所示。做肩省时，先将肩缝拆开，当肩省做好后，领口的多余布料就会消除。同时要确保肩省量正好使后领口弧线服贴，如图中右侧所示。选择领省还是肩省，主要考虑哪种处理方式让成衣更合适，以及省道位置与衣身其他部位的协调性。下一步确定后片在围度方向的布料余量。

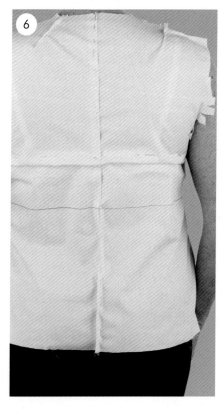

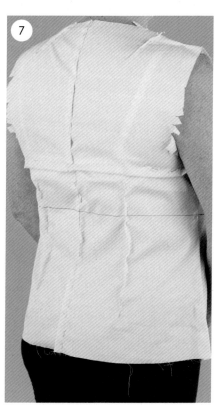

7 在后片做适当的腰省来消除多余的布料，以使样衣更合体。

圆背与长后背

1 即使一件衣服的长度可能合适，但长度也要在恰当的位置。图中，后片水平对标线微微向下沉。要注意后片上方肩胛骨至肩线的弧度及颈部是否有前倾现象，这些是圆背衣身的明显表现。

2 用横向捏褶的方式使后片标记的水平对标线处于一个水平位置。注意两肩胛骨间、肩胛骨至肩线间布料的扯拽情况。

3 如果后片所需长度更长，可将布料在扯拽程度最紧的位置水平剪开。在这个案例中，布料往颈部移动。这与接下去的案例中驼背的调整方法很相似。书中第166页有对该版型变化及领省制作的详尽说明。

4 另拿一块布料在后片剪开处进行贴补，用大头针将其固定。另外，如需增加后片的宽度，可在后中缝处加出一定的量，从而使后片更加合体，穿着也更加舒适。然后加上腰省，让样衣更贴体。

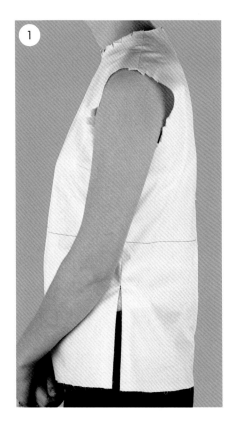

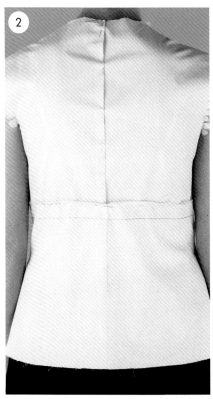

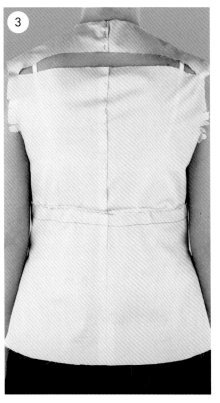

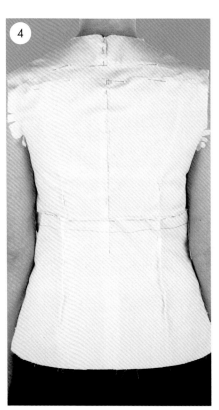

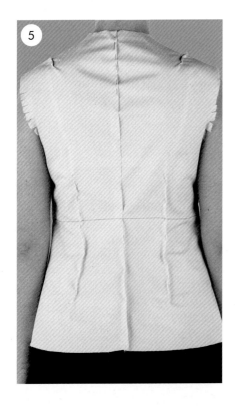

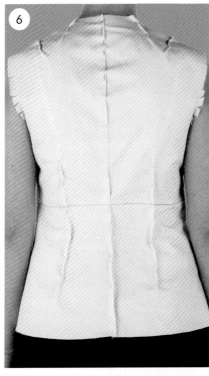

5 第二件样衣调整幅度较小。注意背部上端、两肩胛骨之间面料起空并有扯拽，后颈处有点松。

6 使用领省既能提高后片合体性，也能减小肩胛骨间面料的扯拽。但如果一件衣服既有肩省又有领省，会影响整体的美观性，可将肩省转移到领省，也就是说合并肩省与领省。

驼背

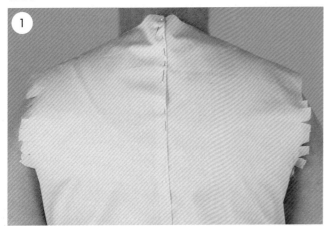

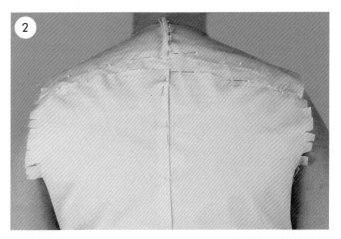

1 注意驼背造成的后领口处的面料是多余的。

2 在背部上端拱起处水平剪开，这样能使后领口抬高。此时，后中缝可重新依照上背部和颈部的曲线确定。领省会让领口及后片上半部分的布料与人体更贴合，这种处理方法适用于基础款衬衫及其他各种款式的上衣。有关样版的制作说明请参见本书第166页。

有袖窿公主线的后片试衣

挺胸后仰姿势

1　从侧面看，试穿者背中部的布料余量过多。观察试穿者的姿势呈现挺胸后仰，通常这两种状态同时出现。

2　从背部看，面料产生的褶皱多集中在身体偏胖部位。水平对标线下方的臀部有扯拽现象，可能是因为样衣的臀围量太小，可以将臀部紧绷处的缝线拆开，然后将水平对标线调整到水平位置上，这样会减轻臀围处的紧绷现象。

3　试着在背部合适位置捏横向褶或做一个封闭的楔形，使水平对标线处于水平。一般来说，在水平对标线以上的布料捏褶裥，看起来效果会更好。注意这个长度的变化，同样在相邻的样版上也要做相应的调整。

4　从侧面看，在背部后中处捏褶，侧缝处做一个楔形且一直延长到胸部。

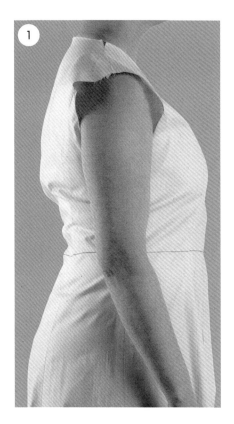

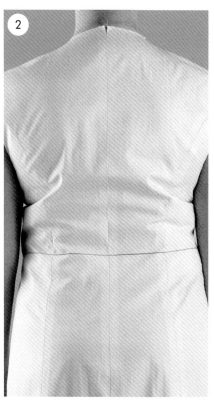

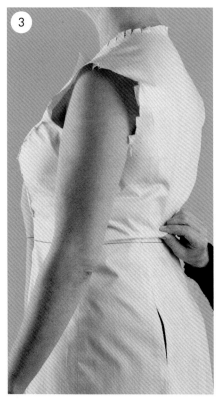

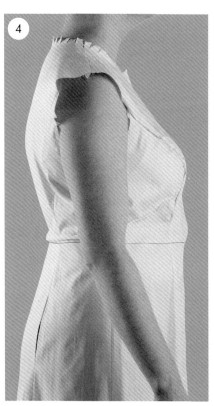

5 注意后袖窿处的空隙，还要留意后侧片袖窿底与水平对标线之间的褶皱。由于这两个部位相连，很有可能两者的合体性也是紧密相关的。因此，试着寻找解决问题的最佳方案。

6 沿着肩缝，去掉肩部多余的布料，这有利于凸显试穿者肩的倾斜度。

7 如图所示，可用垫肩或与调节肩缝相结合的方法来解决后袖窿的余量问题，但这依然无法消除侧面水平对标线以上大面积的褶皱，那就在靠近侧缝的水平对标线上方折叠一定的量来解决这问题。

8 袖窿底的褶皱可用不同的方式来消除。比如，在试穿者右侧的袖窿处捏一个指向后公主线的楔形，这种处理可消除一定的面料余量。再如，拆开衣身左侧的肩缝，将手臂下方的褶皱向上抚平。就会发现，当把褶皱沿着背部、后袖窿向上推平时，多余的布料就自然而然地转移到肩上形成省道。

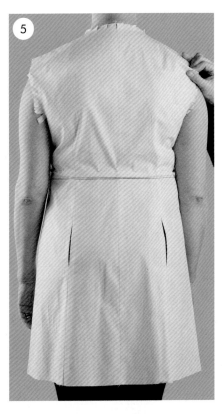
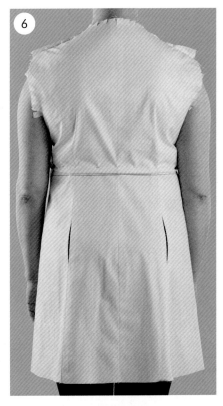
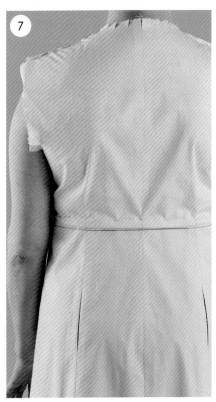
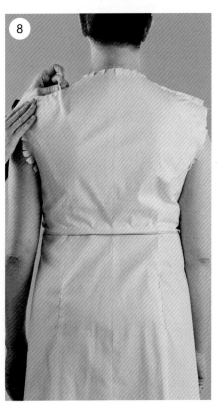

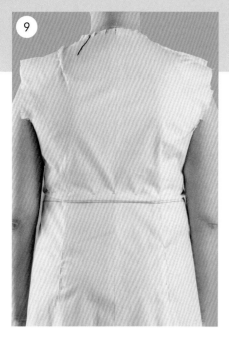
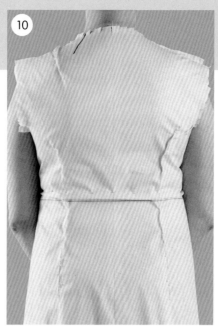

9 固定肩省。如果不喜欢肩省与袖窿公主线的组合的话，可通过立裁或平面制版的方式将省道移至领口。

10 此时后片长度的整体比例看起来更加协调。调整背部公主线，在臀部最丰满的部位放出一定的量。为了让成衣更合体，可多做几件样衣进行微调。

肩胛骨凸出与袖窿空隙

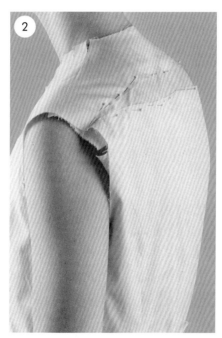
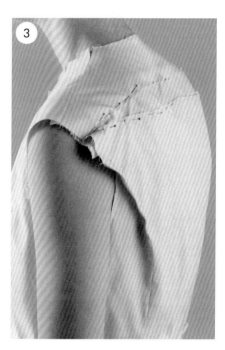

1 如图所示，由于肩胛骨凸起，后袖窿处面料会起空。注意后中处有纵向的褶皱，说明衣服太宽了。

2 如书中第120页所述，对圆背的人体来说衣服后片上半部分需要加长。注意侧身的面料余量与袖窿空隙。在袖窿和侧片修正前，将水平对标线置于水平，水平对标线以下将侧身多余的布料固定在公主线里。

3 后袖窿的布料余量多出现在公主线与后袖窿相交处。将多余的布料均匀地固定在公主线两侧，这样处理尽管能提高后片的合体性，但制版过程中很难处理，本书第166页对此有详细说明。

4 将多余的布料固定在后侧片也能改善后片贴合度，但也会遇到与上一步类似的制版问题。

5 在后袖窿处做一个楔形指向后公主线，这样做出的成衣合体性更好。

6 第二件样衣的后片，调整肩省，加长上背的长度，做法如步骤2。

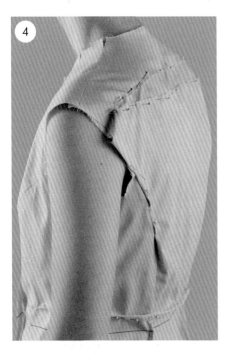

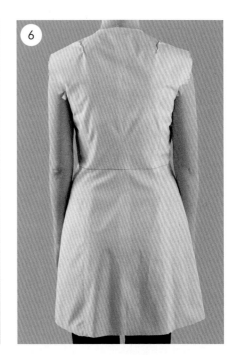

7 注意试衣者背上部的凹陷，这凹陷多位于凸起的肩胛骨之间。

8 后上背不要太合体，也就是横向松量不要太小，否则一旦装上袖子，就会限制手臂的向前运动，也就是需要布料浮于凹陷部位之上，如第7步所示的那样。

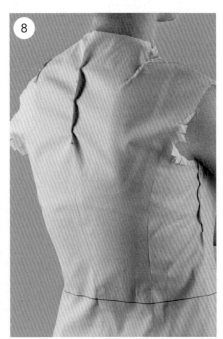

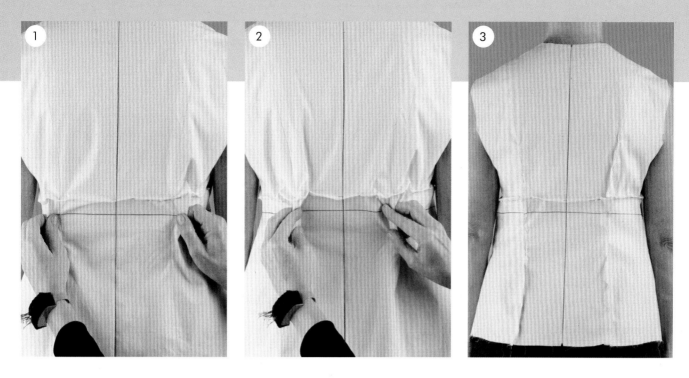

有肩缝公主线的后片试衣

公主线在后片上的比例

1 一般来说，调整布料余量会影响公主线的位置。如果将余量都从后侧片的公主线中去除，会使公主线太偏向于侧缝，后侧片与后中片相比，看起来比例偏小，这样会导致后侧片与后中片的比例看起来不协调。

2 在后中片公主线上消除全部布料余量，也会使后中片与后侧片相比，看起来比例偏小。

3 把多余的布料从公主线的两侧去除，这样看起来比例最好。

宽背与窄背

1 衣片后袖窿线沿着手臂有轻微下沉，说明后背宽不够。同时还要注意肩胛骨之间的面料有轻微的扯拽。

2 将后公主线拆开，通过在肩胛骨处加入松量的方式来增加后片围度。在后侧片拆开缝的下端点处会产生少量褶皱，这说明后中片需要加长。还要注意从后公主线与侧缝之间的拖拽纹。

3 将后片的上方横向剪开来增加长度。

4 将公主线的缝头放出一些，然后固定公主线。另外从侧缝开始做一个楔形，指向后公主线，这种方法可以解决步骤2中提到的拖拽纹问题。这个楔形对侧缝长度的调整，还能解决前侧片对胸部塑型问题（译者注：也就是后侧缝长度变短，相应的前侧缝长度也要变短，这就意味着侧胸省量要增加，增大侧胸省的量来帮助胸部塑型。这种说法对大胸来说是正确的，对小胸就不一定对了）。

5 注意图中手捏出来的余量。此处的松量多少由个人喜好而定。在此案例中，将面料余量均匀分布在后中片和后侧片两条公主线或任意一侧的公主线中。

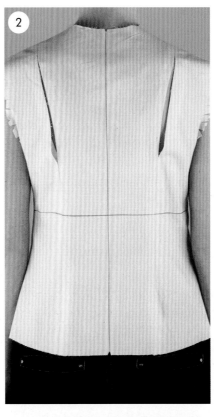

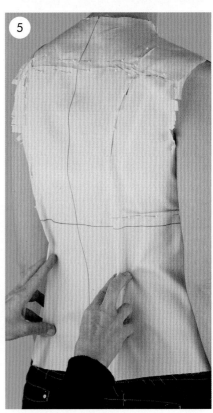

有侧片衣身的后片试衣

袖窿起空及收腰

1 注意衣服整体过松和后袖窿处起空。由于底摆在臀部太过紧绷，因此要将后片下半部分的缝线拆开。

2 从侧面检查试穿情况。

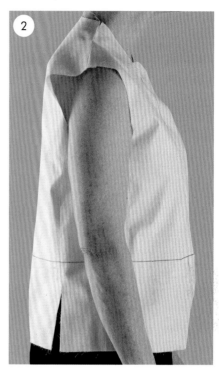

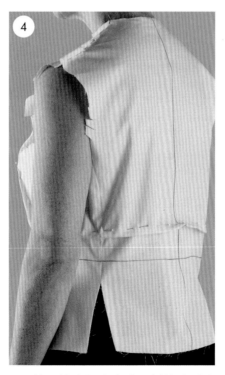
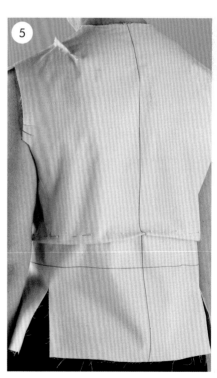

3 运用背部加褶裥的方式使水平对标线处于合适的水平位置，用手捏一下以评估后袖窿的面料余量。

4 将后袖窿处多余的面料转移到肩缝中，并根据试穿的需要在后袖窿的后腋点处打剪口。

5 其余的面料余量都可以转化成肩省处理（见第72页）。

6 多余的布料也可以转成领省。

7 对这种风格的夹克衫来说，在这个阶段领省的视觉效果更好。注意背中部多余的布料。

8 尝试在何处消除面料余量最合适。可以做一个后中缝，将余量收掉。

9 或者在后侧缝处去掉多余的面料。

10 也可以加两个腰省来去除面料余量。想象一下既有腰省又有领省的夹克衫造型。

11 一般腰省和肩省一起使用，整体会更美观、自然。

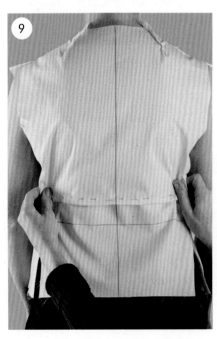

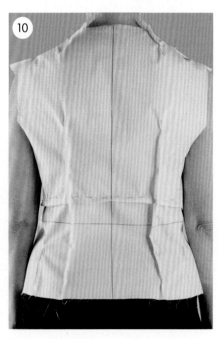

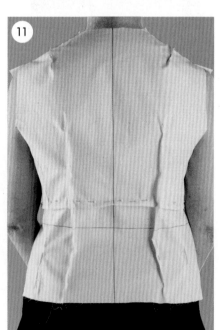

插肩袖衣身的后片试衣

窄背收腰

1 注意后片在垂直方向上有多余的布料，在肩缝处有拖拽纹，可能与肩线和前片有关。

2 做水平褶裥，使水平对标线位置与前片一致，然后做后中缝，这样会让后片更合体。在这里，沿着后中线将一些多余的布料固定，以起到收腰效果。如何做后中缝，详情参见本书第111页。

3 由于衣服的后片太过宽松，需要加入腰省来使服装与人体之间更加贴合。如果从后中线处将所有的面料余量都去掉，无形中就会产生一个新的并且较大的拖拽纹。因此，应先从水平对标线开始向上做腰省，用手指估计收进的省量。然后顺着布料的走势，将省道一直开到后插肩缝处。这时就会发现后片比较服贴了。

4 加入腰省的服装能很好地反映出试穿者的体型，如果不喜欢太贴体，可以通过调节省的大小控制衣服的宽松度。同样，衣身的前片也有一个类似的省道（见第124页）。另外，也可以把前后片腰省都转变成公主线来进行造型设计。

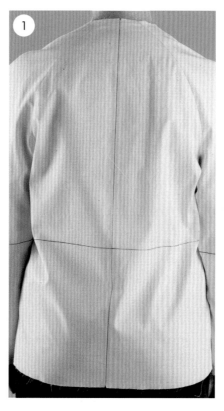

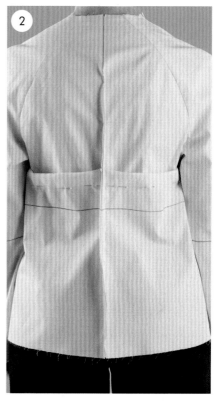

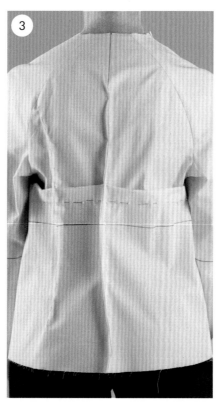

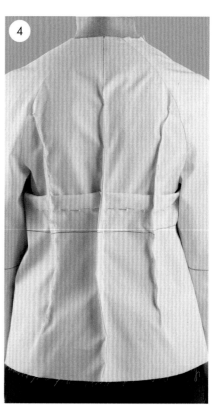

纸样制作示例

了解纸样修正的基本原理。

圆背或驼背的后片长度调整

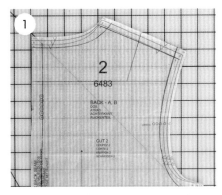 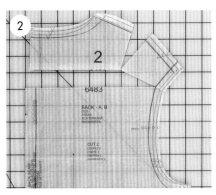 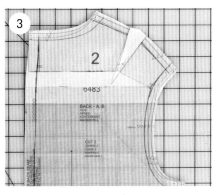

1 在不改变袖窿弧长的前提下调整后片长度，需要在肩颈处加入肩省或领省。对于驼背人群的衣身后片，更适合加领省。图中为一款后片纸样，横向裁剪线和肩省位置已用红线标出。

2 分别沿着标红的横向裁剪线与肩省线剪开，但注意不要剪断。然后在横向剪开处将纸样向上展开以增加后片长度，这时肩省剪开处会自然张开，形成省道。

3 在剪开的纸样下面重新贴一张纸，修好缝份，并按图中所示画出肩省，保持两条省边线的长度相等。

侧缝

穿着试身样衣后，侧缝要求顺直且垂直于地面，从侧面看大致在人体中间位置。如果侧缝不够顺直，有可能是其他部位的不合体造成的，如胸部或臀部过于丰满等。通常，只要胸部和臀部合体，侧缝的位置就被认为是合适的。

有些人喜欢把侧缝设计得稍微偏后，这样从衣身前面看时就看不到侧缝，但还应该考虑侧缝在整体服装中的视觉比例。

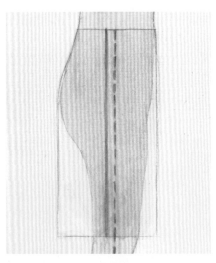 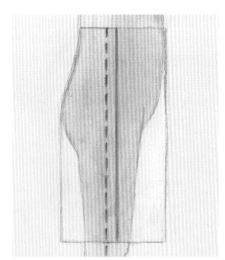

臀部偏大时，将侧缝置于肢体的中间（虚线）会显得臀部过于丰满，然而将侧缝稍微向后移（实线）会让整体比例看起来更匀称。

同样，腹部偏大时，将侧缝置于中间位置（虚线）也会觉得腹部过于丰满。而将侧缝稍微向前移（实线），就会让整体比例更加协调。

侧缝处余量

1 注意侧缝处的面料余量，首先可以将侧缝处多余的量按图示固定，但此时无法判断侧缝准确位置。

2 拆开侧缝下端缝线，将前片或后片抚平。示例中将前片抚平。

3 参考步骤1中固定的余量，将后片的多余量向内折叠。

4 根据实际效果，重复步骤3做适当调整，用大头针固定。

5 这样就容易确定侧缝的位置了，对侧缝做一些微调，使其保持顺直。

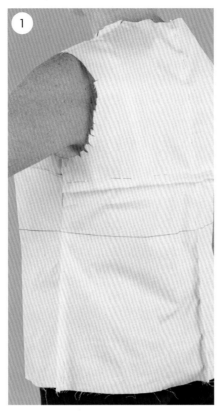

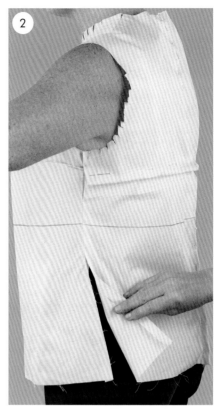

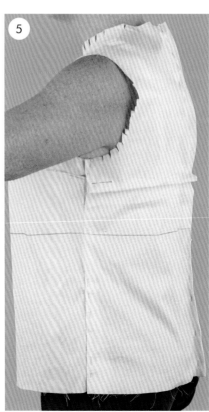

侧缝向后倾斜

1 确定侧缝。为看清缝线位置，可在侧缝处画一条虚线。注意这条侧缝自然顺直，但与地面不垂直。如果发现侧缝上端在侧身的中间，底摆处的侧缝却向后片倾斜，就说明前片的底摆太大。

2 拆开侧缝，抬起后片，将前片自然抚平，此时前片会自然而然地向后移动。将后片压在前片上并固定大头针。

侧缝过度合体

1 注意侧缝处不要过度合体。从正面来看，臀部收得太紧。

2 然而，从侧面看，臀部与腹部两个区域的面料均产生了扯拽。这说明服装松紧之间的差异很小（言下之意，只是收小了那么一点点就感觉紧了），另外还要考虑穿着者想要的服装效果。

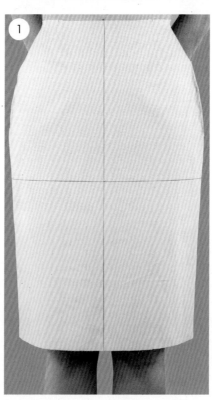

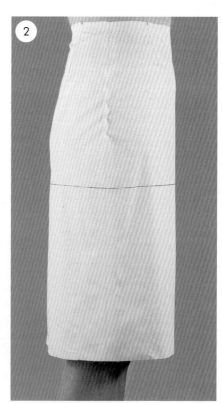

肩线与领口

肩线位置很重要，因为它会影响服装的合体性、舒适性和美观性。但是肩线位置的确定没有想象的那么简单，因为它受颈部、手臂与头部等部位影响。因此，肩线位置很大程度上由主观决定。有些人喜欢将肩线稍微往后偏，这样从正面就看不到了。

这部分的示例较少，因为领口、肩线处的试穿与整个上衣的前后片合体性紧密相关。

肩线

肩线位置的确定

1 为了使肩线看得更清楚，在肩线处贴上黑色标记带。尽管前衣片已经变短，肩线依然偏向后片。

2 将肩线向前片移动，与人体比例相称。

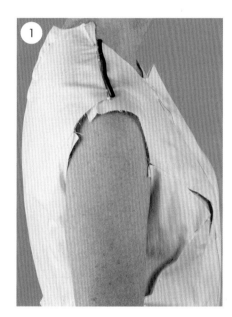

插肩袖上衣的肩线位置

1 在试穿过程中，插肩袖上衣的肩缝与插肩袖的袖缝是紧密相连的。示例中，前后袖缝根据试穿者上臂处的腋点进行调整。注意肩部的面料余量，也要注意到肩线太靠后。

2 拆开肩缝，让后片肩缝压前片。

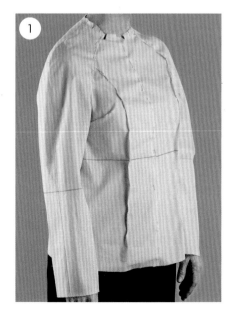
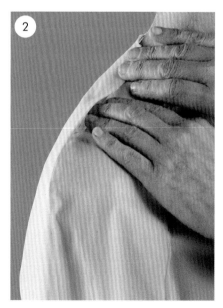

3 固定肩缝。当靠近颈部的肩线固定后，可以对肩端及至手臂位置的袖片进行微调。由于试穿者的肩稍微前倾，就不能以肩端为基准进行调整，而应该保证手臂与袖子之间的自然贴伏。

领部

领口太紧

1 领口过紧，会让试穿者感觉不舒服，导致前中缝无法固定在一起。

2 在领口弧线处打剪口使开口适当变大，固定前中缝。

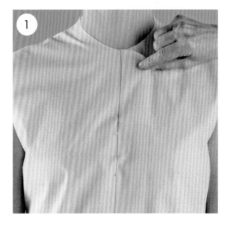

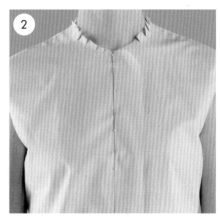

领部造型

在试衣的最后，通常可以在前领口处做一些款式设计。示例中，在领口处做了一种领型（见第145页），前片为开襟，让成衣看起来更合体美观。

领口弧线与肩线

1 注意后领处的多余面料。

2 把多余的面料依据试穿者体型固定起来。

3 在调整肩缝以达最大合体程度的过程中，发现先绘制出肩线的位置再试衣更简单，而不是一边调整面

料余量一边确定肩线位置。但不管用哪种方法，最终都可以确定肩线。

4 另一种调整方法基于人体颈部的自然曲线，对领口进行微调。用手指轻触试穿者颈部以了解其轮廓，有助于领口的调整。

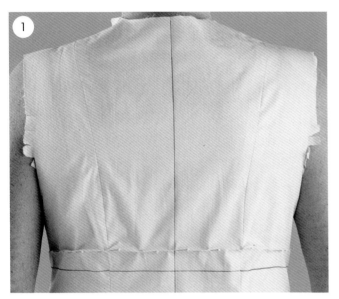

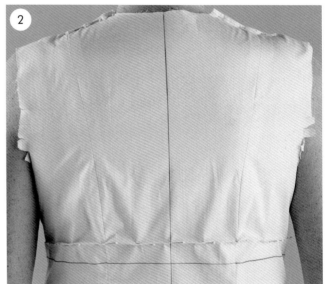

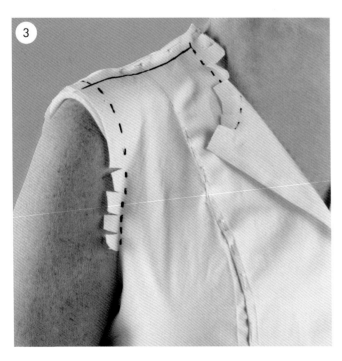

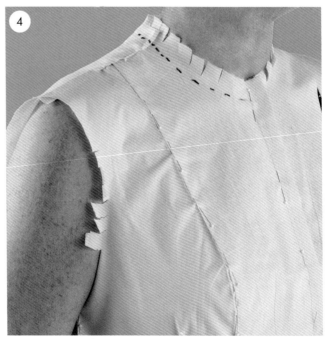

装袖

要制作一件合体性好且袖子装得既美观又舒适的服装是一件极具挑战性的事。袖子不仅要与手臂吻合，袖窿还要缝制圆顺，不能有多余褶皱，这也是难点所在。只有理解袖片上半部分与袖窿变化的相关参数，才能有助于我们更好地了解袖片与袖窿之间的复杂关系。

袖山弧线的上半部分

让我们一起来了解袖片的上半部分。

在传统装袖中，袖子的袖山弧长要比衣身的袖窿弧略长，多出来的量主要分布在袖片上半部分，

这些量称为缝缩量，它起着至关重要的作用。正是利用缝缩量，才构成袖山部分的曲面造型。这种曲面造型使得袖山与手臂之间有一定的空余量，便于手臂活动，并可以满足装袖的美观性与舒适性。影响袖山缝缩量的因素较多，如个人喜好、面料特性、手臂与肩的尺寸等。一般以1.9cm的缝缩量为基准，并视情况适当增减。

袖肥的取值与手臂的围度有关。为满足人体穿着舒适性，袖肥应在手臂围度的基础上需要大约5.1cm的松量。手臂粗壮，增加的量可以大于5.1cm，反之可以少于5.1cm。

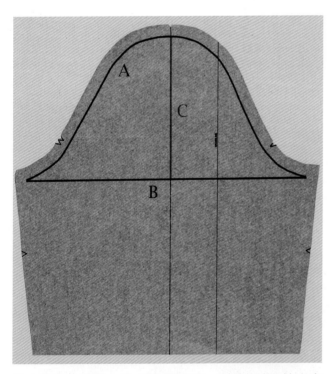

袖山的三个变量，袖山弧线长(A)，袖宽(B)和袖山高(C)。

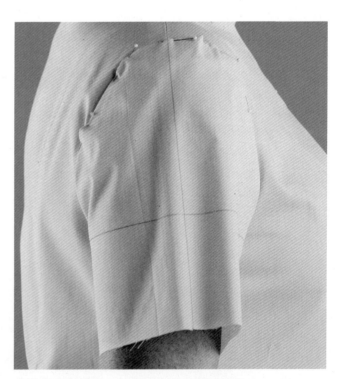

当袖山高不够时，从侧面可以看到拖拽纹。

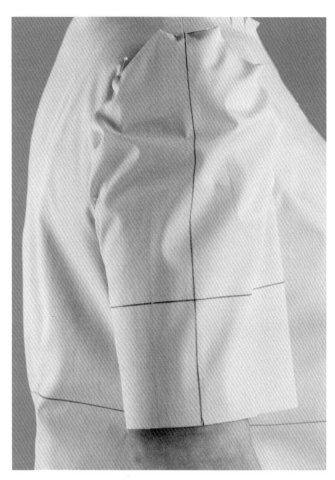

当袖山过高时，袖中面料就出现褶皱。

看图例，绱袖线的位置在视觉上影响着试穿者的整体比例。一般来说，传统的绱袖线往往看起来不那么美观。绱袖线的位置是否合适，可能都会影响到臀围、胸围以及肩宽之间的比例关系看起来是否协调。

袖窿深同样也很重要。对合体衣服来说，袖窿深如果设计得太深，会限制手臂的运动。合适的袖窿深可以使人肩部更好地转动以及手臂的前后运动。

为了让袖窿更加合体，不要太过肥大，就要根据自己的需要对商业纸样的袖窿的开度进行调整，使其变小。商业纸样为迎合更多试穿者的体型，袖窿往往偏大。在袖片与袖窿的设计中，商业纸样将复杂的部分进行了简化，也就是用大的袖窿来适合更多的人。

袖窿与袖片匹配的方法

一般做法是将袖子与袖窿分开来试衣，而不是先装袖子再试衣。首先，试穿没有绱袖的衣身，查看袖窿是否合体；然后将袖子与袖窿固定一部分，检查袖子是否合体。

为了确定袖片与袖窿是否匹配，需要比较袖山弧长与袖窿弧长。具体步骤如下：

如果缝缩量的大小合适的话，就不需要调整。如果太大，缝制就很困难，这就要对袖片作适当调整。例如，如果总共有2.9cm的松量，而实际我们只需要1.9cm的缝缩量，那就多了1cm的量。如果袖肥偏大，可以通过减少袖宽的方法解决，也就是在袖宽线的两侧分别减少0.19 cm，这样就可以减少袖山弧长。反之，如果衣身的腋下点偏高，可以通

袖山高的变化对袖片造型有很大的影响。袖山高太低会产生扯拽，袖山高过高又会产生褶皱。

袖窿开度

在样衣试衣过程中，举了很多不同体型下袖窿的示例。袖窿开度既不能太大也不能太小。太小使人感觉到运动受限制不自由，太大的话袖窿处会产生很大的空隙，不美观。

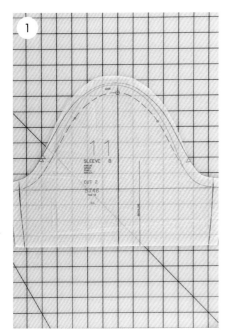 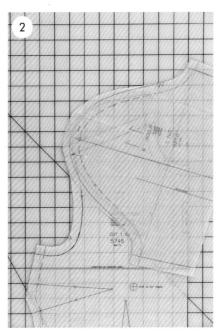 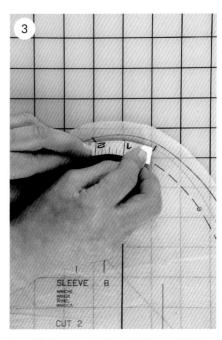

1 在袖中画一条与经向线平行的线。

2 比对前袖窿弧线与前袖山弧线（如图上的粉色线），从腋下点开始沿着前袖窿弧线一直顺到衣身肩端点，在袖山上与肩端点对齐的位置作一个标记。比对后袖窿弧线与后袖山弧线也是如此，然后作标记点。

3 测量袖山上两个标记点的距离。这种方法不仅可以得到袖山上的总缝缩量，还能分别得到前袖山与后袖山上的缝缩量各是多少。

过增加袖窿深的方法去解决，如可以将袖窿深增加0.6cm，从而增加袖窿弧线长，这样可以减少袖窿弧线与袖山弧线长的差量（注意袖山加深0.6cm，不意味着袖窿弧长就增加0.6cm）。最好是在不影响外观款式的基础上对袖片和袖窿做一些微小的调整。

如果调整对袖子和袖窿的影响较大，可以将袖身重新设计成两片袖，这样既不改变袖子的合体性又可以是袖山与袖窿相配。事实上，两片袖本身就比一片袖更容易合体。制作两片袖的步骤如下：

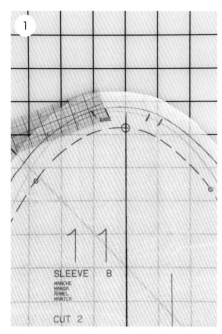 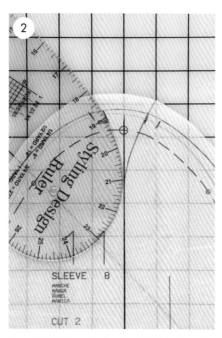 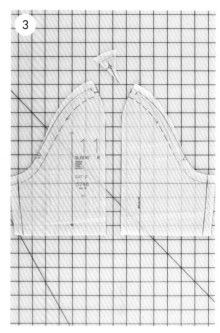

1 首先，确定缝缩量多少，并将其平均分配到前袖山和后袖山中。在上述例子中，只需1.9cm的缝缩量，则就要将1cm的多余量在前后袖山中间位置去掉，在距袖中线两侧0.5cm的位置各作一个标记点。

2 沿着袖中线分别与前袖山与后袖山的标记点连接，各画一条平滑的曲线。试穿时，用大头针固定余量，对袖子进行造型。

3 沿着新画的中缝将纸样剪开，将中间多余的部分去掉，在裁下来的另一袖片上画出布料的经纬向。如果需要的话，加纸，给新的中缝线添加上缝份。

更多的活动范围

要使带袖服装穿着更加舒适，又能够满足我们日常活动的需要。正如上述示例中提到的，袖窿深越浅，越便于手臂的运动。但是袖窿处的布料也不能勒到皮肤。一旦袖子已经装上，可以剪去袖窿底多余缝份，缝份过大会影响袖子的穿着舒适性与活动的范围。

在后中缝增加上半身围度尺寸便于手臂向前运动。如果没有后中缝，可以加一个，另一种方法是增加后背宽，如第110页所示范的那样。这两种调整方法都可以。

宽松的袖子更方便手臂的活动。为加大袖肥，可以将袖中线剪开，增加楔形或平行展开进行加放。将袖山处多余的面料做成褶裥或碎褶等形式来消除余量。

增加袖宽

增大袖肥也能扩大手臂的活动范围，如果没把控好增加的量，就会影响袖子的造型。在一片袖衣身中，为使袖山弧长保持不变，袖肥增加，那么就要降低袖山高。

一般不建议使用这种调整方式，因为降低袖山高容易造成袖身面料的扯拽。根据自己的需要权衡后做出选择。

增大袖肥且袖山高不变

对袖中有分割线的两片袖而言，可通过在袖中线增加一定尺寸的方式增大袖肥。这种方式可以在不改变袖山高的前提下，很方便地增大袖肥，根据试穿者需求，增大袖肥。在纸样上进行这样的操作相对较简单。

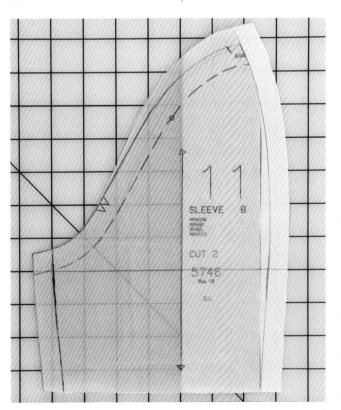

袖片越多越方便调整

三片袖通常有袖中缝和两个腋下分割缝，每条缝都可根据手臂结构进行调整。很多人认为袖子上有太多接缝感觉会很奇怪，平时看到的大多数袖身在腋下只有一条缝。但如果分割缝越多的袖子就意味着越合体，那为什么不用这样的袖子呢？

利用合体的袖身

一件合身的袖身可用在袖窿线相似的不同衣片上。例如，如果制作了一件合体舒适的衬衫袖，可以将它用在大多数衬衫中，绱袖时只需做稍微的调整。同样，夹克衫袖也可以用在你其他的夹克衫中。可能只需要调整袖长就可以，其优势显而易见。

在原袖片下方铺一张纸， 在原袖中线中间将袖肥向外扩，画顺新的袖中线。这里只是举了一个例子，也可以用其他简洁的方法来增大袖肥。另一袖片也按此方法绘制。

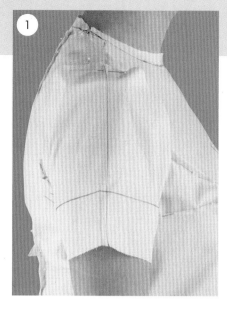 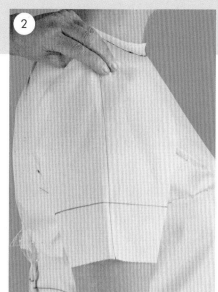 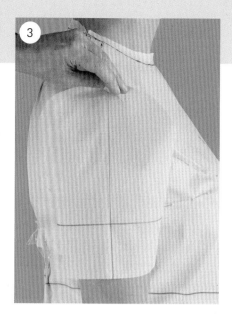

试衣举例

有拖拽纹，这表明袖山高不够

1 注意袖山两侧的拖拽纹，袖口起翘，袖子长度好像也变短了。还有水平对标线不处于水平位置。

2 沿手臂向下移动袖山也就是增加袖山的高度，袖山上的拖拽纹逐渐变少。

3 随着水平对标线趋于水平，拖拽纹逐渐消失。

 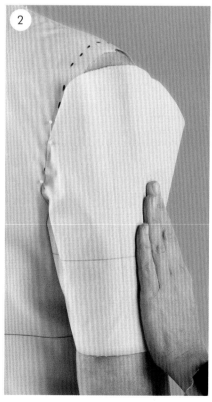

增加袖山高

1 袖片试衣的另一种方式是把水平对标线置于水平位置，现在从前袖片看袖山高明显不够。

2 后袖片稍好一些，但袖山与袖窿之间仍然有空隙；表明袖山高不够。

3 用尺子测量袖山与袖窿之间的距离，这个距离就是袖山高需增加的高度，纸样的操作方法参考本书第181页。

4 将修正后的袖片袖中线与衣身肩线对齐，用大头针固定在一起。袖身看起来还是有些紧。由于袖山高已经确定，因此可以在袖中缝处增加一定的量来加大袖子的围度。

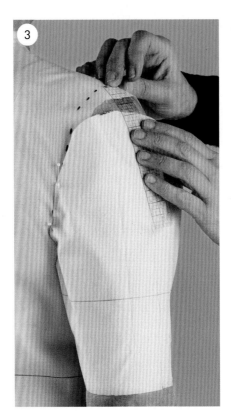

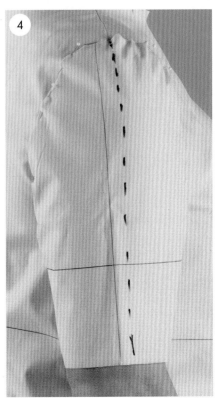

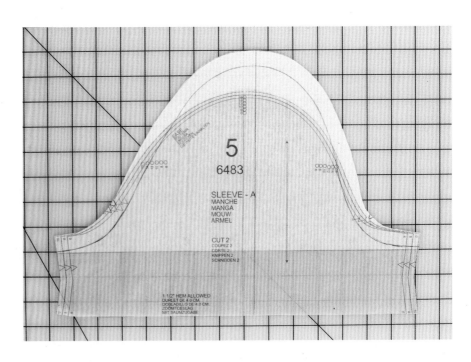

重新确定最终袖子纸样的袖山高，并画顺袖山弧线。

肩部前倾

1 为保证袖子的前后片放松量相同，袖中线向后错开一些量。

2 在坯布上重新画出袖中线并将其转移到纸样上。根据肩部前倾的特征对袖身做出调整是必须的。将修改好的袖片与衣身用大头针别合在一起。如本书第107页所述，将松量分配到袖山的上半部分。

3 在这里和之前的图片中，袖山高的高度无法完全包裹前倾的肩部，在坯布上注明需补充的量，再将其转到纸样上进行修正。修正后的袖片见本书第181页。

4 从侧身看第二件样衣，在肩前倾的情况下，后袖山往往是平贴于后肩。不要让后袖山太服贴，否则会限制手臂的活动，还会让试穿者的斜肩更凸出。

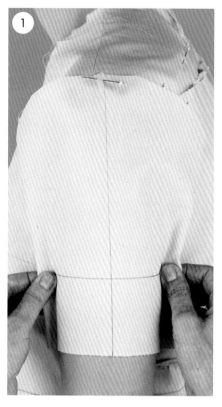

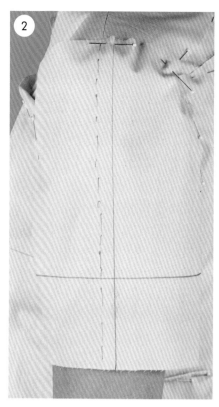

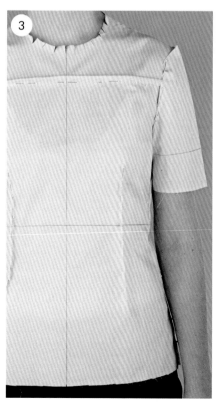

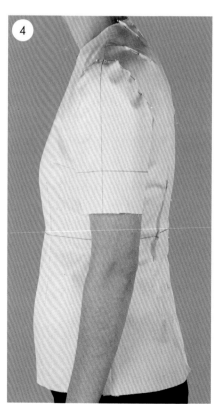

长袖的试穿

先制作一件合体的短袖，在此基础上增加袖子的长度。对长袖试衣时，除了检验袖山高是否合体外，还要确保手臂在自然弯曲的状态下袖子的走向。

1 袖身没有任何太多的褶皱，但水平对标线并不处于水平位置。

2 将袖宽处的水平对标线置于水平位置。褶皱主要分布于前袖片，这是因为袖片与手臂弯曲度不一致。

3 为增加袖片弧度，需在袖身至少加入两条分割缝，即两片袖或三片袖的合体性会好于一片袖。在这个案例中，为调整袖山的松量，可以在袖中线处剪开，形成一个两片袖。具体调整如下：将袖中线处剪开为袖中缝，在起褶处捏一个封闭的楔形，楔形从袖底缝开始，指向袖中缝。袖中缝处不做任何处理，仅在袖子前片与后片各做一个楔形。纸样制作详见书中第111页。

4 第二种示范中袖子含有袖中缝与袖底缝。根据手臂的弯曲度对袖片进行微调使袖子的围度与手臂的围度相称。增大袖山高使水平对标线处于水平状态。袖子试穿时，为了让袖子做得更合体，通常需要制作多件样衣，对样版进行多次的调整。

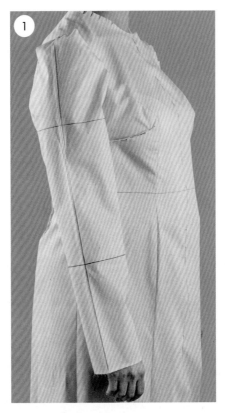

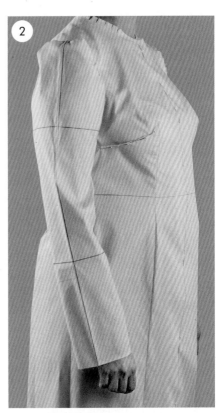

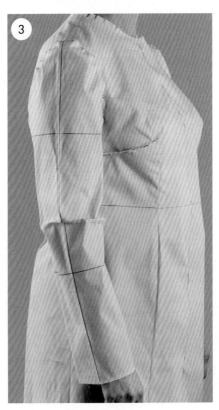

袖身的前后比例

1 一般来说在袖宽位置，前袖片与后袖片距离手臂之间应该有相同的余量。更多情况是余量全部集中到前片，袖后片紧贴于手臂处。

2 捏住袖宽线的位置，将袖子中线向后袖移动，也就是使前片的一部分余量转移到后片。如图所示，为了让手臂背面有足够的空间，需要重新定位袖底缝。用坯布做样衣时，不要直接将袖子与衣片的腋下固定在一起，现在将袖下缝往手臂的后面移动了

1.6cm，再将袖子与衣片腋下固定在一起。袖底缝与衣片侧缝必须要对齐，而袖底缝可能是要移动的，这就是事先没有将袖底缝与衣片的腋下缝缝合的原因。

3 第二种示例是从袖子的前面进行观察，从下向上调整。为了方便调节袖山弧长的放松量，袖山处最好留有袖中缝。

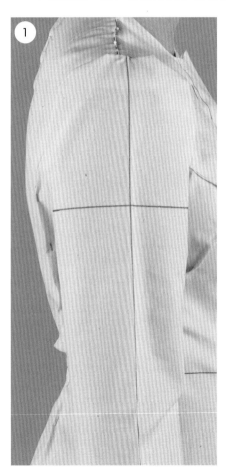

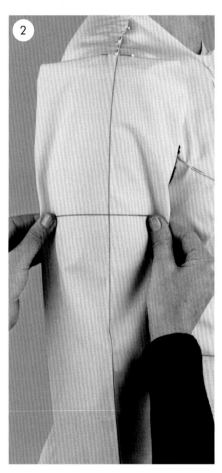

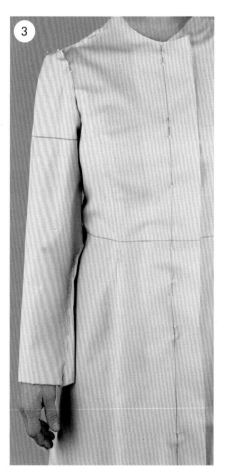

插肩袖

不同于普通装袖，插肩袖的一部分连接到了衣片的肩部。试衣时，要考虑衣身的前片、后片与肩部的合体性。

长插肩袖前后袖底缝与前后腋点吻合

1 注意肩头面料的扯拽情况。

2 后肩缝放出一点可以提高舒适度。对插肩袖而言，在肩头做出隆起的部位要做到没有拖拽纹，有一定的难度。有小的拖拽纹在时装面料中是不太明显的。

3 注意，前插肩袖底缝没有落到前腋点的位置。

4 注意样衣前插肩袖底缝的位置，剪刀的位置是袖底缝在人体上的位置。

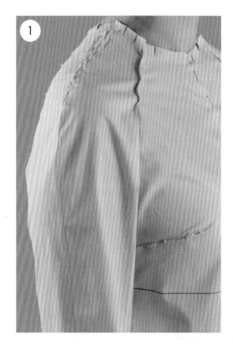
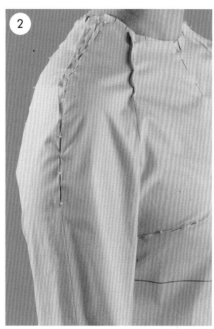
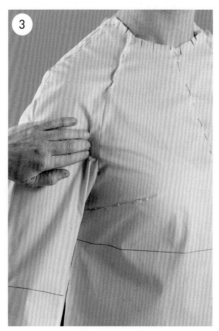
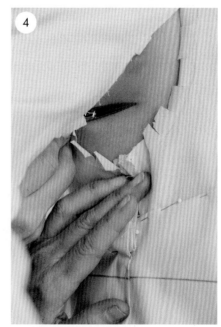

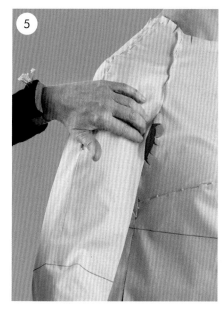

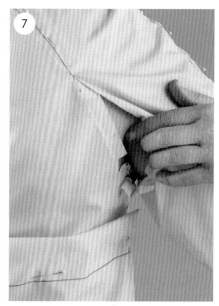

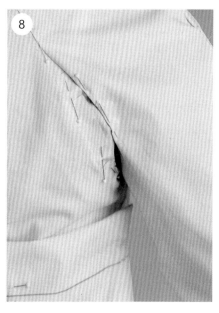

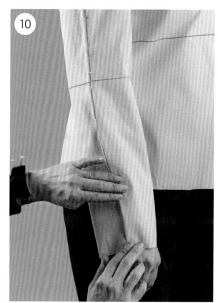

5 把袖前片袖窿的面料向内折，留意前衣片袖窿处需要填补多少面料。

6 在开口处添加一定的面料并用大头针固定，插肩袖的折线则是新的袖底缝线。

7 同样，后插肩袖的袖底缝也没有落到后腋点的位置。

8 在开口处添加一定的面料并用大头针固定，插肩袖的折线则是新的袖缝底线。

9 对于袖子的下半部分，手臂保持自然下垂状态，将袖子沿手臂至上而下捋顺，将袖口多余的面料向里折进。

10 袖口部位也折好，直到满意为止。

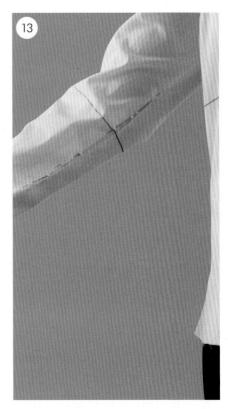

11 外袖缝用大头针固定好。

12 屈肘时仍然要保证袖子有足够的余量，保证穿着舒适。试衣者感觉袖身有点儿紧。

13 要保证上臂的穿着舒适，可在袖底缝的肘部区域加一些松量。

如何消除后片的褶皱

1 后中面料有轻微的扯拽。

2 为了确定扯拽的原因，将后中线与公主线拆开。

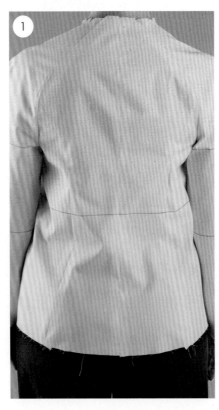

3 在后中缝放出一定的量后用大头针固定。将后片公主线处、公主线与连肩线相交处起空的面料抚平。这说明后片插肩袖缝需要调整。

4 拆开后片插肩袖缝，袖底缝并未经过后腋点，需要重新定位袖底缝，如图用黑色虚线标出。

5 将坯布抚平并固定好。

腰部与臀部

本节将重点介绍裙子在腰部和臀部的试衣过程。在有关胸部、背部的试衣示例中，有很多方法可借鉴到腰部和臀部试衣过程中。

裙子腰围松量的大小很大程度上由个人喜好所决定。有些人喜欢腰围紧一些，而有些人觉得腰围松量为2.5cm或更大一些时穿起来会更舒服。臀部做贴身设计时，试穿者通常会根据自己想要的造型来确定松量大小。

一般情况下，女人往往更愿意通过合身的服装来展示身材，因为衣服合身会让身材显得更苗条。上衣、裙子和裤子都是如此。

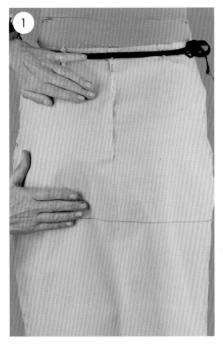

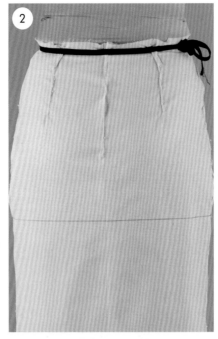

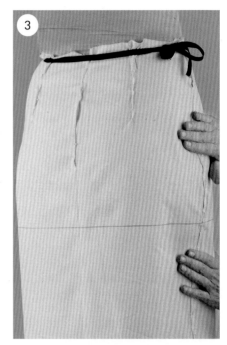

细腰与翘臀

1 裙子的后省要指向臀部最丰满处，本节最后示例中的高翘臀除外。双手托起臀部有助于找到最丰满部位。

2 固定省道，省尖要略高于臀部最丰满处。

3 尽量避免在脂肪过多的部位过于合体。这些部位肉眼看不出来，通常用手轻抚来辨别。经验丰富的样衣师会考虑到体重的波动，习惯先把样版侧缝放出一些，然后再进行试衣修正。

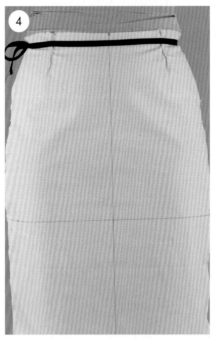

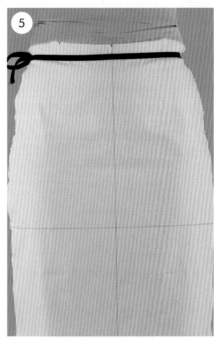

4 在裙片、裤片上捏前省有时会让衣身更美观；但有时也会造成腹部的面料隆起，看起来显胖。

5 有人会认为去除前省会让腹部更平坦更好看。若要去除前省，只需将省道量从侧缝移除。

平臀与宽髋

1 该试穿者的臀部扁平。

2 而且其臀部稍宽。

3 虽然试穿者的臀腰差很明显，但由于其臀部过于扁平，因此要保证省道量较小，这很重要。同样可以

在侧缝和后中线处来减少腰部的多余量，从而使后省量尽量小。

4 一般会将省尖指向臀部最丰满处，尽管看起来不是很好看，但这样处理是对的。

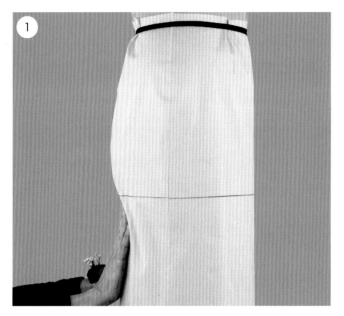

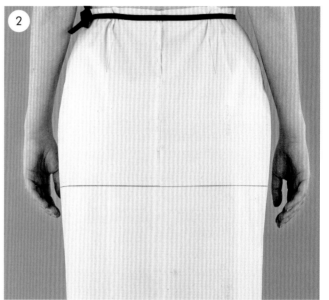

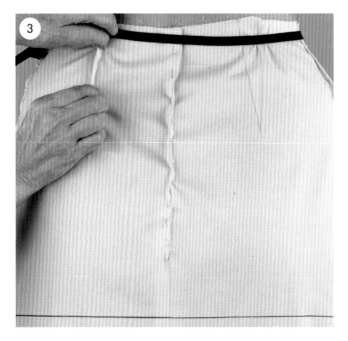

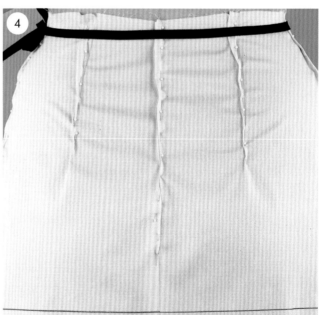

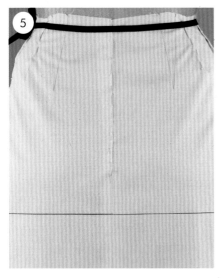

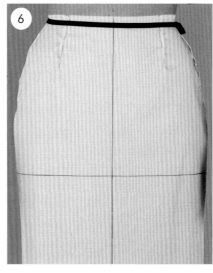

5 把省向两侧移动，让臀部的轮廓更凸起。从臀部坯布的牵引走向可知，在臀髋之间作省外观效果可能会更好。

6 这样的省道位置比较好，显得身材要好一些。

高低臀

1 将水平对标线置于水平位置，并在试穿者腰部系上松紧带，很容易看出右臀部较高。

2 在腰部捏省，并作好标记。左右两侧臀高度不同，为此需对样版做出调整，本节末对此有详细说明。注意不要让臀较低的一侧太贴身，因为臀低往往让人感觉臀部小，面料太贴身就更容易显示出来臀部左右不对称。

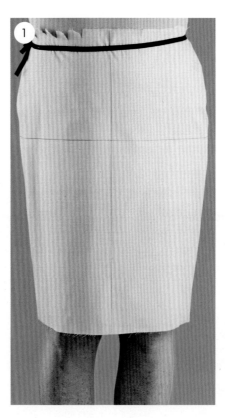

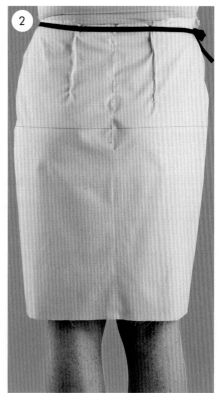

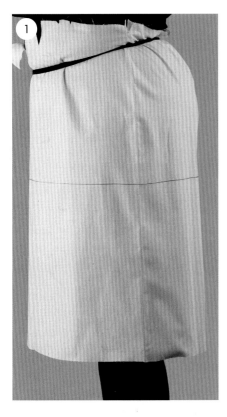

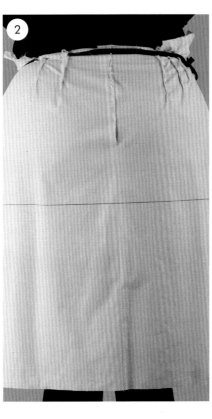

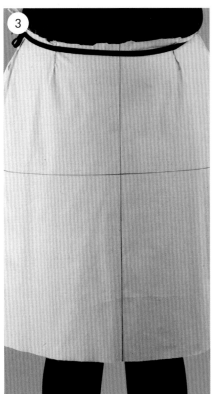

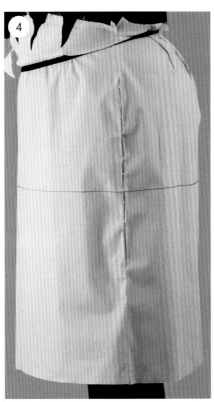

倾斜的腰与圆翘臀

1 腰部倾斜通常伴随腹部凸出现象，有时会有骨盆结构倾斜情况。与试穿者一同确定松紧带位置，用松紧带系紧裙片防止下滑。在前片松紧带的上方打剪口，使松紧带处的坯布松展开。在试衣的过程中，水平对标线要时刻处于水平位置。

2 对于大的圆臀试衣来说，要试着确定省的位置与个数。三个省道通常比两个更合体。

3 这样做前省不可取，因为它通常会让腹部下方的面料起空。通常可将前省量移至侧缝，从而消除前省道。

4 示例中可以看到，裙后片的水平对标线稍高，臀部下方在竖直方向上有多余的褶皱。尽管多次将裙身向下拉正，可后片还是向上爬。当面料以这种方式上移时，这说明裙身的某个位置太紧了，而这个部位通常是身体的最大部位。出于这个原因，需要在侧缝留些松量，让臀部有更大的空间。

5 第二个样版。注意臀部最丰满部分面料的扯拽，臀部侧上方到腰部出现拉拽，这表明臀部太紧，尽管臀部的侧面接缝处有多余的面料。

6 从侧面可以清楚地看到，拉拽是由于臀部最丰满处的面料太紧而引起的。

7 为了在臀部增加一定的松量，在最丰满处加了公主线。公主线会让服装造型更有吸引力（更多关于分割线设置的内容，请参见第218页）。但更重要的是公主线能够为臀部提供尽可能多的空间。

8 第三个样版。公主线给臀部提供了足够的空间。可以在侧缝处再收些余量，也可以把所有的前省量都转移并合并到公主线里。

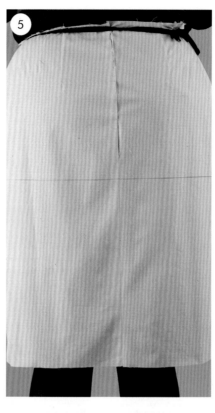

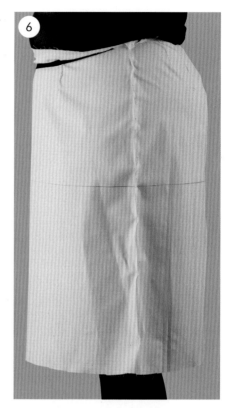

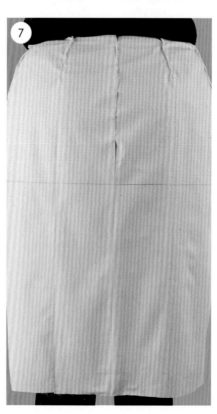

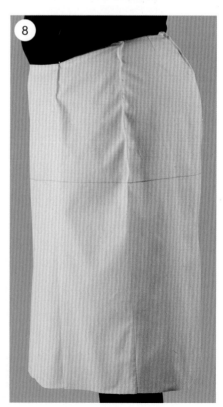

纸样制作实例

请参阅基本纸样制作技术的修正原理（第44页）。

高低臀的完整裙装纸样

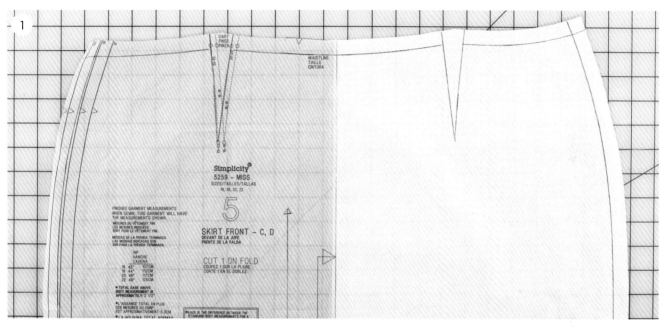

1 前裙片的腰部。在网格板上，裙子的左侧水平对标线（试衣后）高于右侧。

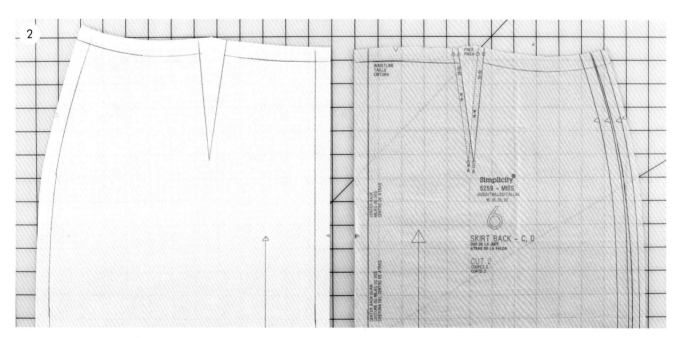

2 裙子后片样版左右两侧的腰线。

裤子的试衣过程

　　由于考虑到不同的变量，裤子的试衣是比较复杂的，如从横裆到腰部的直裆，骨盆的形状和深度，以及腰部、腹部、臀部和大腿上部的尺寸和形状，以及不同的腿型，如O型腿、X型腿和其他的腿型，都会对合体性产生影响。

　　裤子的款式有很多，根据裤腿的宽度和裆部与身体的关系，可以将裤子分为三类。如图（A）阔腿裤，其直裆较深，裤子的裆部不会碰到人体，裤腿肥大，从臀部直接垂下。图（B）休闲裤，裤子的裆部几乎接触不到人体，裤腿较窄，臀部下面裤子略包住臀部。图（C）牛仔裤，裆部贴合人体，裤子紧紧地包住臀部。

　　这里试穿的例子中，以休闲裤为例。它不像牛仔裤或阔腿裤那样不具代表性，休闲裤出现的问题代表了许多裤子在试穿过程中出现的典型问题。认识到这些问题并改正它们，将有助于找到一种适合所有类型和风格的裤子的方法。

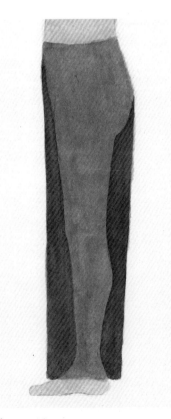  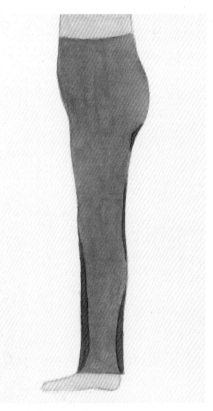

（A）阔腿裤　　　　　　　　　（B）休闲裤　　　　　　　　　（C）牛仔裤

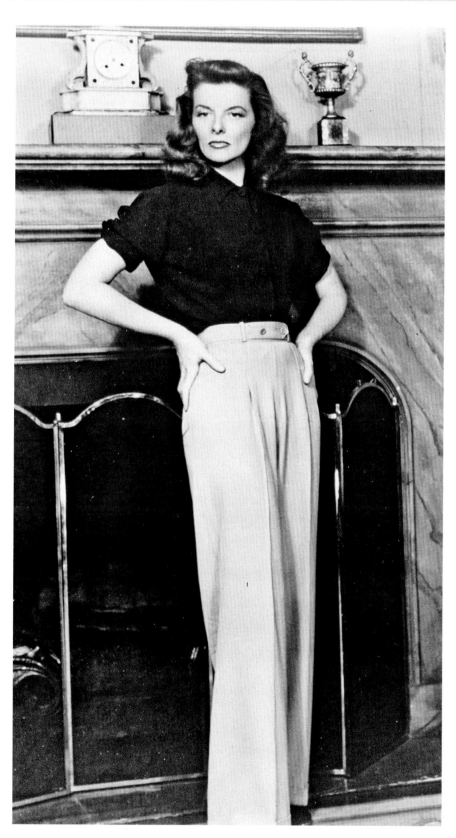

了解人体维度和裤子容量的关系

裤子最难合体的位置是上裆部分。了解裤子与人体的关系，会使试穿过程和制作纸样变得更加容易，尤其在一些试穿修正似乎违反直觉的情况下，也能理解。

当试穿裤子时，把人体想象成一个盒子。则需要处理三个维度：（1）高度，从腰部到裆底部的距离；（2）宽度，从身体一侧到另一侧的距离；（3）厚度，从身体的前面到后面的距离。最后一个维度，身体的厚度是更加复杂的，因为要考虑到骨盆结构的特殊形状以及腹部和臀部的脂肪分布情况。

在试穿裤子时，让裆部弧线的形状对应人体裆部的形状，包括骨盆结构、腹部和臀部。如图（A）所示，许多裤子纸样的裆部弧线相对平坦。

然而，若把人体分成两半，从侧面观察，人体的臀部低于前骨盆。为了确认这一点，侧站在镜子前，一只手托着前部，另一只托着臀部，如图（B）所示。

如果裤子内侧缝相对于人体过长，则需要降低后裆弧线，如图（C）所示。

此外，裤子的裆部弧线也要吻合前骨盆下部形状，如图（D）所示。

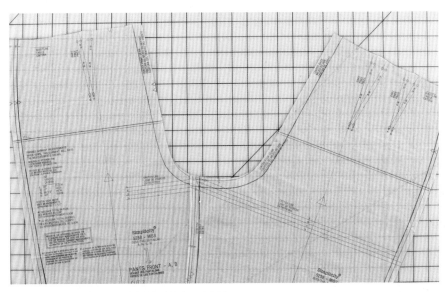

（A）一个典型的弧线平坦的裤子纸样。

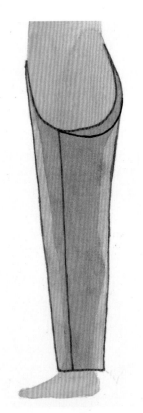
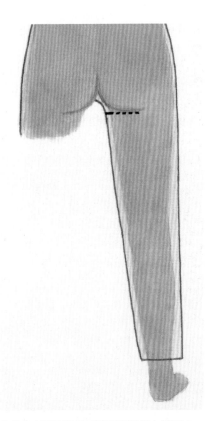

（B）紫色线表示人体的臀部形状和裤子裆部纸样的位置关系。在试衣中，这是指裤子面料会卡进臀部，如第204页所示。

（C）当纸样的后裆部弧线过高时，内侧缝与裆缝的交点处往往过高，也就是内侧缝长度过长。

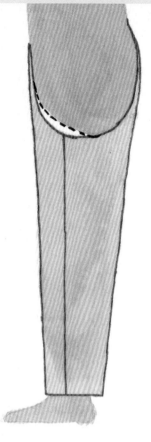

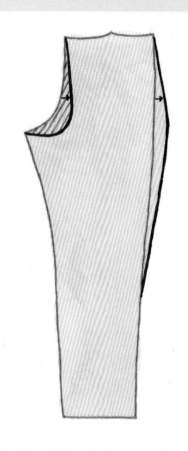

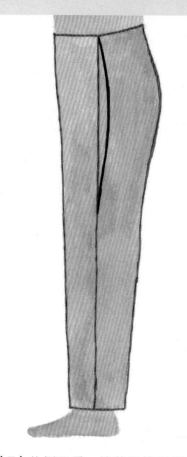

（D）对于前骨盆下端倾斜，改变纸样的裆部弧线使其贴合人体的弧度。

（E）将后裆弧线挖深，这样当人坐下时，臀部就有了更多空间。但是为了不减少裤子总的围度，在裤子后侧缝上增加后裆挖去的量，然后从腰部开始向下画顺后侧缝线直至膝线位置，长距离的顺直后侧缝线是为了防止侧缝起泡或者出现"马裤"效应。

（F）从侧面看，这就是裤子侧缝增加的量。如果臀部较大，在裤子后片增加一定的量也是有必要的。

　　除了修正裆部弧线角度外，裆宽也必须满足人体的需要。为了满足丰满的臀部的需要，可以通过"挖"裆部去解决，当人坐下时，为臀部提供足够的空间。由于挖裆时减少了后裤片的宽度，这就需要在外侧缝增加一定的量来补充，使围度总量不减少。如图(E)和(F)所示。

　　在纸样上挖后裆，这是满足人体前后骨盆体型结构的一个有效方法。大多数裤子的前裆弧线比后裆弧线短，这也是合乎逻辑的，因为臀部比前骨盆更深。

调整合体度

让裤子合体具有挑战性。通常需要制作4到10条样裤才能完成，再对最后一条裤子进行微调。一部分原因是，如何恰到好处地去平衡裤子穿在身上的样子和穿在身上的感觉，这一个过程比较复杂。每个人都不想要一条穿起来既不好看又不合体的裤子，都想要穿起来既舒服又合体的裤子，这通常就要去权衡利弊。

人站着和坐着身体会发生变化，那就需要去平衡着装时服装的外观和人体舒适度之间的关系。当人坐着的时候，人体的后面从腰部到膝盖的长度要比站着的时候长得多，而前面则是相反的，也就是要比站着时短得多。

为了满足后面长度的变化，在大腿上部、臀部下方和裆底都必须有一些松量。如果想让这些部位非常舒适，那么在臀部下面的面料就会出现一些水平褶皱，这就为坐下时提供了松量。为了验证这一点，穿上一条牛仔裤，在臀部下面将面料折叠，然后用一只手紧紧抓住这些面料并试着坐下。

当坐着的时候，人体的前部会变短，导致在腹部以下会有一个或者多个水平的褶皱。一个非常大的水平褶皱表明前裆长长了，但是这里需要一些多余的长度。为了验证这一点，当坐着的时候，用一只手紧紧抓住这些褶皱，并试着站起来。

当然可以穿一条看起来很修身的裤子，裤子的前面非常平整，臀的下面也没有多余的面料。这就是所说的"鸡尾酒会"裤装，当站着的时候看起来很完美，但却坐不下来(译者注: 弹性面料除外)。

在微调合体度时，尝试做一些小的改变

当对裤子进行微调时，尝试一下怎样才能得到想要的效果。对裆部做微调就是一个很好的例子。有时，使裆部的后片下裆缝的裆底向下6mm就可以改善合体性，当人坐着时，能感受到裤子比较舒服。要保持前、后内侧缝变化相同的量，前片的下裆缝的裆底也需要向下移动6mm。或者尝试把后裆再挖深6mm，然后在裤子内侧缝做些小的改变。这仅仅是做改变的方法，还需要评估是否合体和是否舒适。

在进行这些类型的改变时，没有必要每次都制作一条新裤子。相反，就在这条试穿的裤子上做这些改变，并记录每次改变的合体性变化情况。然后尝试一种不同的改变，再做笔记，这样就可以跟踪记录每次修改对合体性产生的影响。如果一组改变不能提高合体度，那么就排除它，再去尝试其他的可能性。

当试穿时感觉合体了，就做一条裤子并穿上。认为这个样版合适了就留下作为以后做裤子的样版。实际上，穿上裤子并进行日常活动去感受其合体性和舒适性，要比站在镜子前评估更好。通常再花上一两个小时进行调整可能会使裤子更加合体舒适。对我们来说，做出穿着舒服合体裤子的样版才是最终的目标。

装腰和腰贴边

就像裙子一样，裤腰有两种形式，一种是装腰还有一种是腰部加贴边。选择哪一种取决于个人爱好。在做决定时，有时需要考虑合体的因素。例如，一些臀腰差较大的女性发现，采用装腰的形式会更好，装腰可以使裤子更安全地束缚在腰上。腰的宽度很大程度上是基于风格考虑的，多数女性认为1.3～1.6cm窄的腰宽比3.2～3.8cm的标准腰宽更舒服。

有用的试衣助手

水平对标线，应该画在纸样上和坯布的臀围线上，这对在试穿过程中确定上裆长是有帮助的。水平对标线可以帮助我们发现裆缝哪些位置需要加长或者缩短，上裆长不仅要为人体上裆部分提供足够的长度，还应该与人体上裆成比例。

裤子上的"拐点"是指裤子前裆和后裆缝的交点，位于人体裆下。建立一个拐点是非常重要的，基于此可以让裤子的上裆长与人体上裆相称。

烫迹线在裤腿的中间，如何在纸样上画出烫迹线，具体说明请参阅第209页。烫迹线与经向线平行，也可以作为经向线。制作样裤时，至少在坯布的一条腿上画出烫迹线。在试穿过程中，烫迹线应该尽量垂直。如果烫迹线是弯曲的，这表明一定存在合体度的问题，在试衣的过程中经常会出现。

裤子试穿的过程

试穿裤子最大的挑战之一是要让裤子的裆部弧线让和人体裆部贴合。因为这是人体一个敏感区域，所以在试穿的过程中，建议让试衣员穿上两条内裤或者内裤加紧身衣，这样他会感到更多地保护，更有安全感。根据经验，样版师和试衣员之间必须建立信任，这样才能使裤子在试穿过程顺畅和高效。样版师可以在许多方面与试衣员建立信任，可以告诉试衣员需要检查裤子的哪些部位，还有为什么要检查这些部位等。在做调整的时候，有些试衣员会觉得把裤子脱下来更舒服，然后再把裤子穿上，再做进一步试穿检查。也有些试衣人员会觉得裤子穿在身上做出调整更好。

总裆长和相对裆长

试穿裤子最主要的问题之一就是修正裤子的上裆长，而不是集中在裤裆总长，以水平对标线作为起点，向上向下分别考虑裤子的裆长，也就是以水平对标线为基准，从水平对标线向上到前、后腰线必须有足够的长度满足人体的体型的需要。从水平对标线向下到前、后裆部也必须有足够的长度满足人体的裆部的需要，同时要保证水平对标线呈水平状态。

试穿裤子

1 就像试穿裙子一样，在腰部系上松紧带。检查裤子的长度。虽然有人喜欢裤长长过脚面，但这样会使裤腿变形。注意：前裆部起空。

2 用大头针别住脚口部位，使裤子能够自由地下垂到脚面或鞋面上。从前大腿到侧缝的拖拽纹可以看出，裤子前大腿上部有点紧。从侧面看水平对标线在同一水平线上。

3 从后面看，水平对标线在后中明显下沉，表明裆长偏短，不能满足骨盆深和臀部的量。总裆长似乎是足够的，因为前中和后中的裤腰没有下沉。而事实上，前裆的起空表明前裆长度过长。这些表明，即使总裆长是够的，但位置不对也同样会出问题。注意：在大腿后上部有拖拽纹。

4 在处理其他的问题之前，必须先将水平对标线调整到同一水平位置。这样做：沿着裆缝将裆底的缝头拆开大约5.1cm，同时将大腿的内侧缝的缝头拆开大约17.8~20.3cm；在裤裆部拆开后，就可以在水平对标线以上捏一个楔形，使水平对标线呈水平状态。第一条样裤中，主要关注的是如何使得裤裆长满足试衣者的体型。随后的样裤，可以对其进行微调。注意：大腿后上方有拖拽纹以及裤子在水平对标线以下的臀部偏紧。

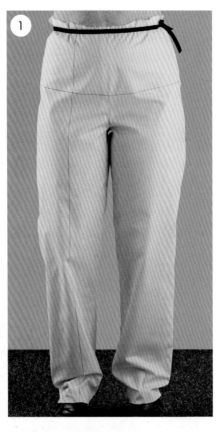

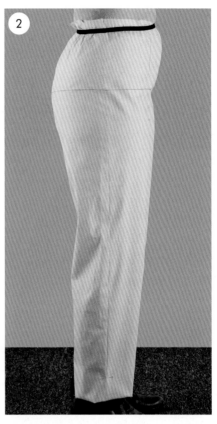

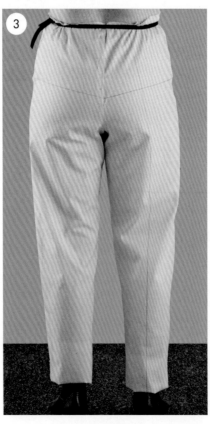

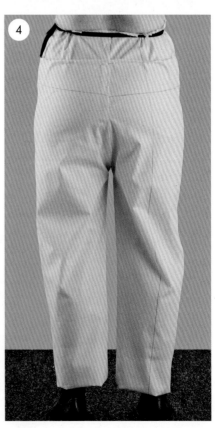

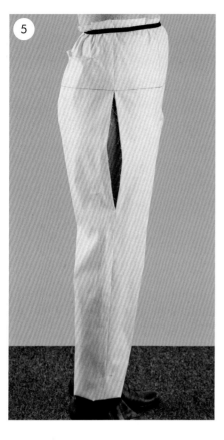

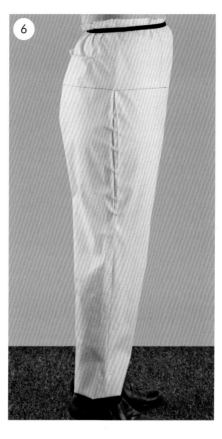

5 拆开侧缝来处理前面步骤中过紧的问题。面料展开的大小是侧缝需要增加的量。一些增加的量在后侧缝，来满足整个臀部和后大腿需求。还有一些增加的量在前片的侧缝上，来满足前大腿的需求。

6 前、后片在侧缝放出的量用大头针固定，尽可能保证侧缝顺直。

7 为了消除从大腿的拖拽纹，可以通过别去多余的面料即挖裆方式来解决。挖裆也使裤腿中部的烫迹线开始变得顺直。事实上，烫迹线顺直，这是对裆部要挖出多少的有效参考，也就是说，挖裆多少取决于烫迹线是否顺直，如果顺直就意味着裆部已经合适。

8 别住后腰省，得到一个理想的合体的腰部。

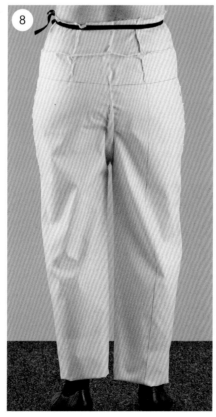

9 同样地，别出前省。第一条样裤没有必要别出省道，这里只是想要得到一个理想的裤子腰部。在试衣员脱下第一条样裤之前，需要评估内侧缝要分开多少，以便完成纸样的修改。首先让试衣员双腿分开一点站立(两腿不要分开太多，太多会造成内侧缝分开较多)，然后，双手环抱试衣员大腿上部的内侧，让两个中指指尖正好碰到。这样一只手的中指指尖位置是裤子需要调整的前内侧缝的位置，另一只手的中指尖位置是裤子需要调整的后内侧缝的位置。两个大拇指分别在中指和裤子之间滑动，这样可以感知现在样裤前、后内侧缝位置，

在该位置用大拇指压住中指。当手离开试衣员身体后，仍然保持大拇指压着中指的姿势。这时中指指尖和大拇指之间的距离就是前、后内侧缝需要增加的量。在这个例子中，左手距离是前内侧缝的增加量，右手的距离是后内缝的增加量。

10 第二条样裤。裤子裆部宽松的多少可以根据个人喜好。这件样裤的前裆是宽松的，但有些人可能更喜欢贴身一点的。

11 为了让前裆更加贴合人体，裆缝与人体吻合，试衣员将裤子翻过来穿上。裆的缝份朝外，这时更

容易根据人体轮廓别出裆缝。为了比较，原来的缝迹线用黑色标出和新裆缝用大头针别出。同样地，挖出后裆弧线，挖走的后裆弧线的量不要增加到前侧缝，因此裤子前片的总围度减小——使裤子更加贴合。这种调整方法，适合于前裆变化不大的情况，也可以减少前内侧缝的长度，这在较大程度上改变了上裆总长。

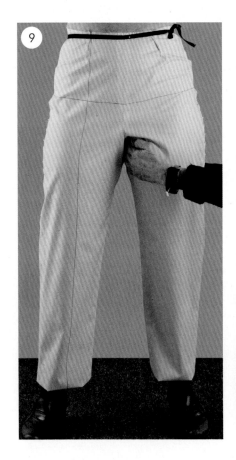

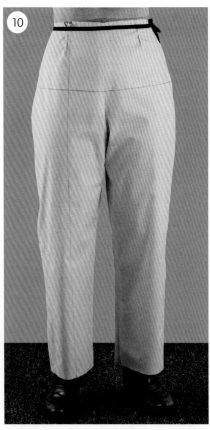

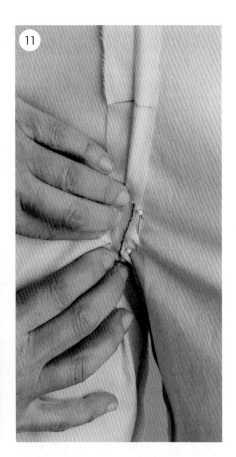

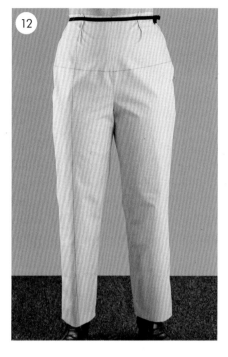

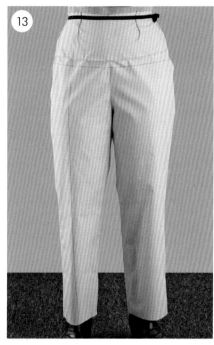

13 为了让水平对标线处于同一水平位置，在腰部和水平对标线之间做出一个楔形。这也提高了裤子前片的合体度。

14 第四条样裤的前片，前中缝和前大腿之间出现的拖拽纹是裆缝紧贴身体造成的。为了满足大腿的围度以及解决裆缝过紧的问题，可以将前侧缝放开一些。

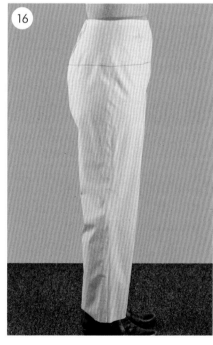

15 当试衣员坐着时，大腿上部变得很紧，这表明裤子的外侧缝需要放开一些，这样才能使裤子变得更加舒服。

16 从侧面看，试衣效果还是不错的。水平对标线保持在同一水平面，侧缝是顺直的。注意：沿着后臀部下面有轻微的褶皱。

12 第三条样裤，很容易看出前裆比较合体。注意有一个从前裆到大腿的轻微的拖拽纹，产生拖拽纹

的原因是腹部和大腿部位偏紧，但这些使前裆更加合体。注意：水平对标线在前中有一点下沉。

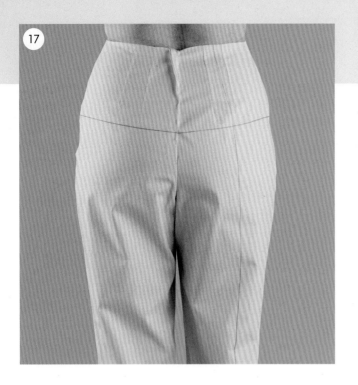

17 现在前裆已经很贴合了，再修改一下后片和后裆。在后中缝将多余的部分用大头针固定。由于试衣者臀部较圆，需要一个较大的省道。为了让后裆不卡住臀部，先将后裆弧线挖走的部分增加到后侧缝，参见第 211页。另外，在水平对标线上面的后上裆缝处做一个楔形，将水平对标线提升到同一水平位置。

体型举例
直裆不足

　　直裆指的是从横裆线至腰部的垂直距离。与裙子试衣一样，为了提高工作效率和达到较好的试衣效果，将裤腰固定在人体的腰部。试穿完成之后，根据风格要求，可以降低腰围线的位置。

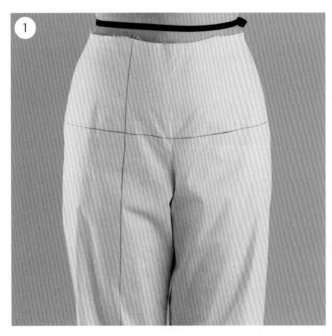

1 直裆太短。

2 将裤子沿水平对标线剪开并加入面料。最好先在面料上画出要增加的量，这样会更精确一些。

平臀试穿

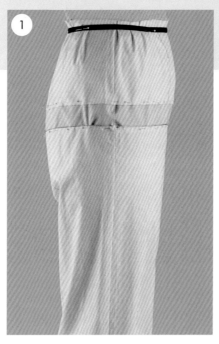

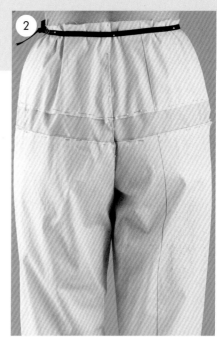

1 一个很好的平臀例子。

2 注意：由于腰小臀宽在腰部产生了多余面料。

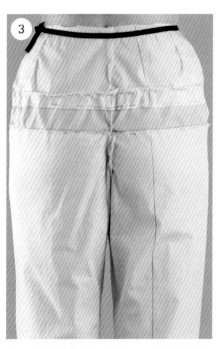

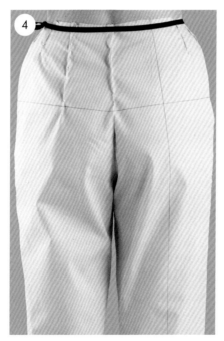

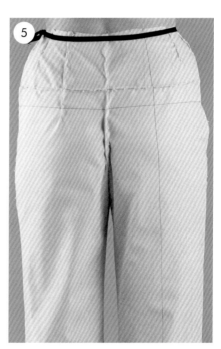

3 当平臀体在试穿时，后省道的量要相对小一些。这是因为大一点的省道在裤子的裆部会产生更大的空间。为了减少腰部多余的量，需要沿着后中缝和侧缝别出一部分量以减少省道量。在此，提升水平对标线和挖裆是一种典型的调整方式。

4 第二条样裤。尝试找出省道的位置和长度。尽管左边有较长省道指向臀部，但是这效果并不理想，而右边两个小的省道正好与腰部贴合。为了将省量变小，这就需要在腰围线的后中和侧缝的位置去掉一部分量，这样才能制作出更贴合平臀的裤子。注意：大腿上部的拖拽纹。这些"笑纹"表明裆部需要深挖。

5 通过再做一个楔形来进一步调整水平对标线高度。将后裆挖深一点，可以消除第4步中出现的拖拽纹，也可以使烫迹线条更顺直。注意：后裆现在卡在臀部，表明需要加长后裆长。可以通过增加后内侧缝的长来满足增加的裆长。

6 第三条样裤。后裆仍然有点卡臀。臀部下面出现小的折痕表明后裆弧线需要降低。这与当时试穿一件女上衣时，手臂放下，后袖窿出现褶皱情况是相似的（参见第87页）。这两种情况下的修正也是相似的，在袖窿上更容易操作，只需要将剪口打到折痕处就可以。至于裤子，最好让试衣员把裤子翻过来穿。

7 把裤子翻过来，后裆弧线原来的缝是用黑色画的。

8 这里可以看到，裆部弧线的起始点对人体来说太高。黑色的虚线表明臀部的终点和拐点所在位置。

9 按黑色的虚线缝合新的裆底弧线，在弧线处打剪口，让试衣员再次穿上裤子，检查修正的合体情况。后裆弧线贴合较好。在右侧出现小的拖拽纹，需要再进行微调。可以不同的组合方式去试：如挖裆和降低后裆弧线，或者给后内缝加一点点量。让试衣员再穿上裤子，这将会得到有用的反馈。

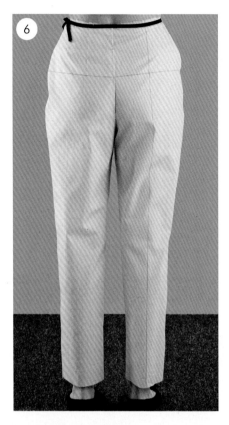

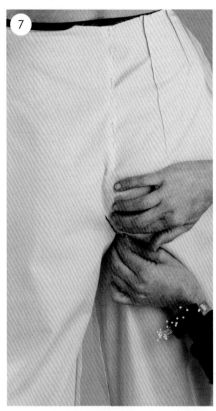

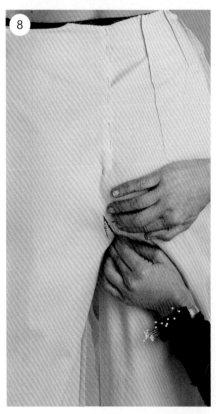

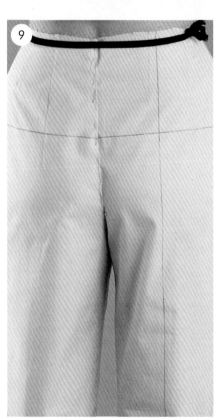

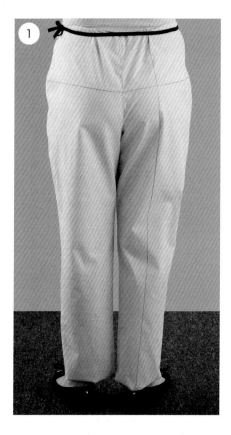

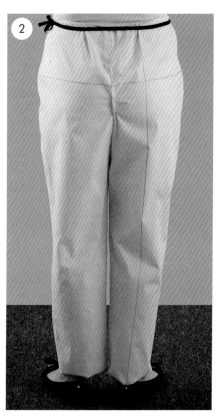

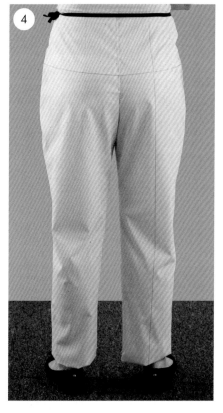

深臀试穿

1 臀部有多种形状和尺寸。如果臀部较深而不宽，那么试穿的挑战是裤裆要足够的深而不能太宽。这里臀部的凸起导致后中水平对标线下沉。注意：臀部下方大腿区域的拖拽纹表明需要挖后裆弧线。后裆也牵制臀部，表明裆长需要加长。

2 挖后裆几乎可以消除臀下大腿上部的拖拽纹。它也使水平对标线向上移动。为了让后中缝不卡进臀部，放开裆部的后内缝。这样可以使裤子的裆底随着人体移动，同时将水平对标线向上提升了一点。注意：腰的后中部有点下沉。

3 当试衣员坐着时，后腰明显下沉，这也说明需要增加后裆的长度。当人在坐着的时候，裤子的后腰通常会略微下沉。这个量尽量不要超过2cm，如果可能的话越少越好。

4 第二条样裤的后片，在水平对标线下面的后裆部只需要一个小的调整。像往常一样，有序进行调整。通过挖裆来降低弧线，这样可以给坐着时的臀部提供更多的空间。在水平对标线下的后中部，裤子看起来很紧。由于后中缝角度的问题，后中缝实际已经放出了一些，这些放出的量为深臀提供更多的空间。因为裤子的侧面已经有点松，如果可能的话，尽量不要再在侧缝处放出。

极其丰满的臀部和倾斜的腰部试穿

臀部非常丰满的人，往往腰部是倾斜的，所以把这两种体型的变化放在一起讲解。腰部的松紧带一直是一个重要的试穿工具，因为松紧带有助于找到躯干最小的部分，给人更直观的帮助，也是一个明显的标记。

1 对于一个倾斜腰部的人来说，其后裆长明显长于前裆长。如果前腰的上部受到牵制，那么可以在上部边缘处打剪口让面料展开，这样能准确地确定前腰围线。对于极其丰满的臀部来说，必须同时满足臀部的深度和高度。注意：臀部受到牵制，后裆深不足。

2 拆开侧缝，裤子自然贴伏在臀部。裤脚口用大头针将长出的部分固定，让裤脚口正好落在脚面上或者鞋面上。

3 因为裤子后面需要更多的空间来满足丰满臀部的需要，所以裤子的后侧缝放出的量可能要比前侧缝放出的量更多。在固定这条新的侧缝时，应该尽量做到顺直。

4 从后面看，水平对标线在后中下沉，这表明在水平对标线以下裆部需要加长。

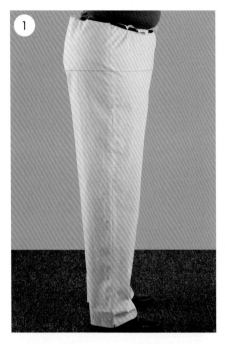
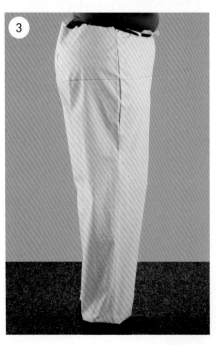
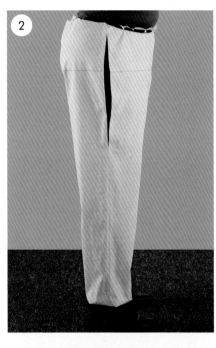
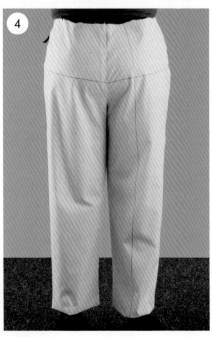

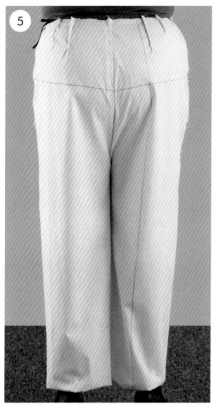

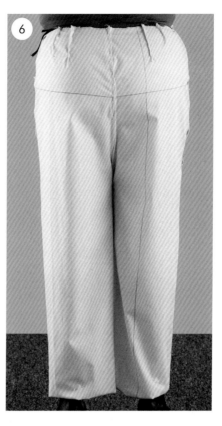

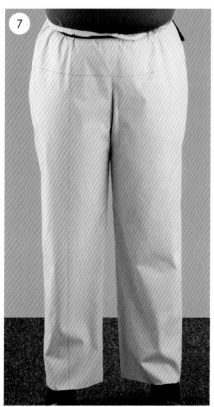

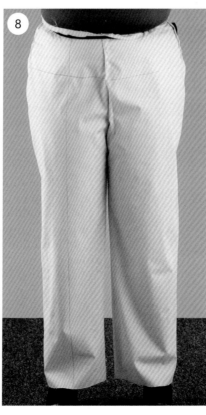

5 按照上述的试穿过程，拆开裆部和内侧缝。这使得水平对标线提升到了几乎同一水平的位置，并让裤子的后腰贴合人体的腰部。固定住省道。对于极其丰满的臀部来说，省道的总量是相当大的。为了得到一个满意的试穿效果，可以将这些省量分配到多个省道里，以确保裤子平顺合体，并留意臀部的哪里最丰满。对于这个试衣员来说，长的省道朝向臀部最丰满的位置，短的省道在圆润的侧臀。对于极其丰满的臀部，在裤子的两边各有三个省道也是很常见的。注意：在后中有拖拽纹以及烫迹线是非常弯曲的。

6 收进后中缝。这样挖裆，可以给试衣员从前到后更多的空间，也可以使烫迹线更接近直线。如上试穿所述，评估前、后内缝的增量，并制作一条新的样裤。

7 在第二条样裤中，评估裤子前面的合体度，腰的位置正确。注意：在前腰部有多余的松量，这需要收一个大的省。另外，前面的烫迹线变得更顺直了。

8 为了消除前腰部多余的量，把多余的量收到侧缝和前中缝。这将意味着腰的前中部出现了一个角度，这提升了合体度。然而，对于一个有着圆腹的人来说，前中缝过度合体会让腹部看起来更大。

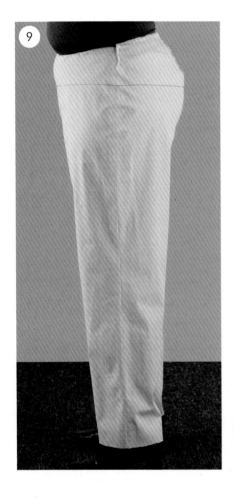

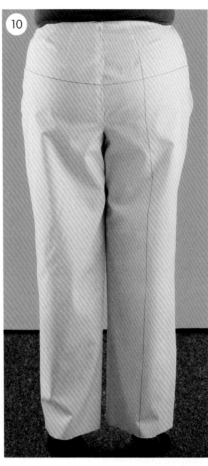

9 从侧面看第三条样裤。稍做调整，腰部非常合适，贴合了人体斜腰的特征。臀下包臀的量也是试衣者喜欢的。

10 从后面看第三条样裤。臀部下面的拖拽纹表明需要将后裆弧线挖得更深。因为现在的裤子后面是舒适的，按惯例，要在裤子的后侧缝处增加一定的量。臀部底部受到牵制，表明后裆需要加长。可以尝试加长后裆内侧缝，挖后裆弧线或增加后侧缝结合起来进行调整。尽管通常情况下后水平对标线都是微微下沉的，我们可以加长后裆缝，让水平对标线处于同一水平位置。

圆腹试穿

1 对于一个圆形的腹部，要注意在腹部以下和裆部不要过度贴合。这样做会使休闲风格裤子的腹部变得更加圆润。合适的前裆长可以改善裤子的整体外观。裆部前面有余量表明前裆太长。

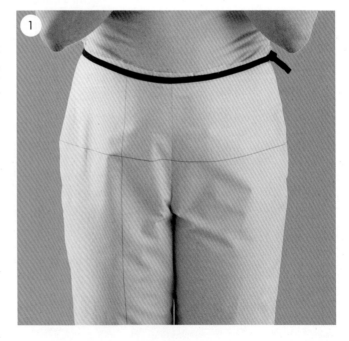

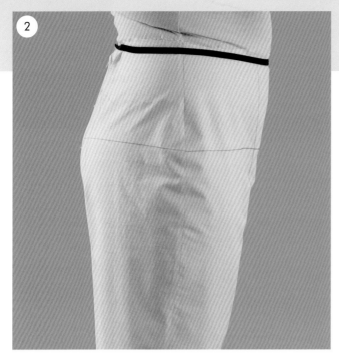

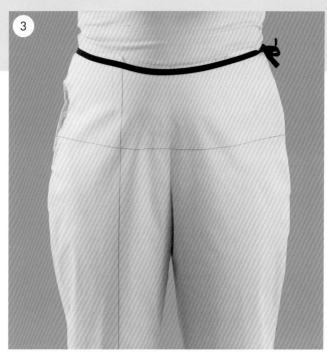

2 从侧面可以看到，在腹部两侧的面料起空，这是由于腹部凸起造成的。除非是牛仔裤，否则的话，人体的这些部位不要过度合体。

3 第二条样裤的前面。这个试穿看起很合体。不要太在意人体大腿侧面的凹陷。在试衣员的右侧，固定出多余的面料，最终加深凹陷，并不美观。如试衣员左边所示，面料浮在凹陷上面，这样反而更好看。

经典裤装纸样调整

详见基本制版技术和调整版型基本原理（第44页）。

在裤腿上添加烫迹线

1 在内侧缝线和侧缝线之间测量裤脚口大，然后标出中点。

2 将裤子布纹经向线与网格线对齐，过中点在裤腿向上画一条垂线即为烫迹线。烫迹线也可用作布纹经向线。

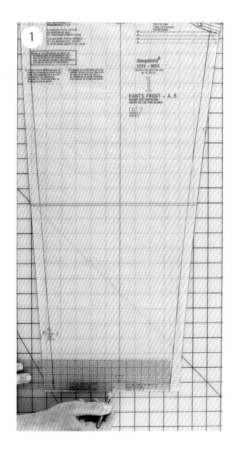

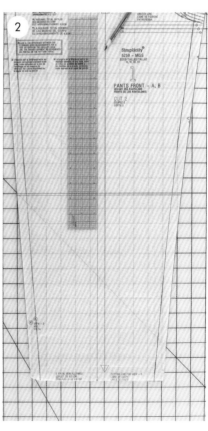

调整腰线

　　调整腰线是绘制纸样的一个常规流程。把坯布的腰线转移到纸样，画顺新的腰线，增加缝份，并沿新的裁线裁剪。

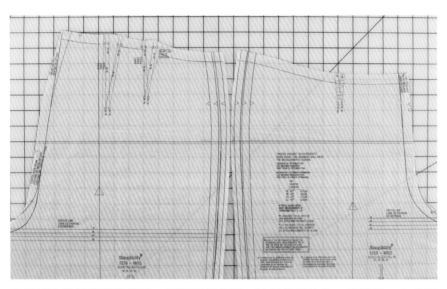

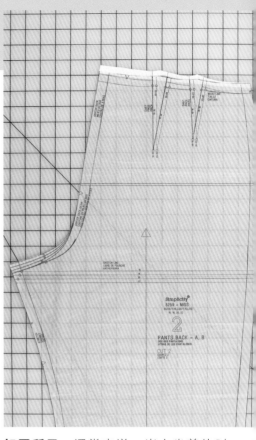

如果试衣员是倾斜的腰线， 需要降低前腰，这里纸样的前、后片是一个典型的倾斜体腰。

如图所示， 通常来说，当人坐着的时候，如果后腰下沉得太多，有必要加大后腰翘的量。

降低裆部弧线

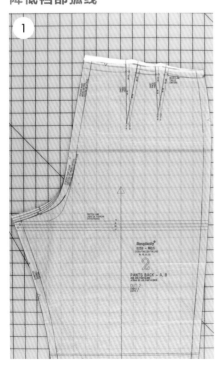

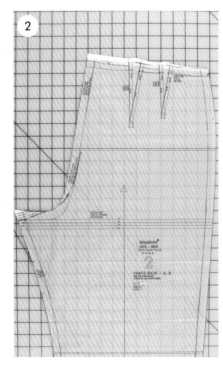

1　若试衣者的骨盆结构低于纸样裆部，可以降低纸样裆部弧线。

2　完成纸样。注意：降低裆部弧线和挖裆是不同的，在下一节的步骤3里有介绍。然而，差异是微妙的。降低裆部弧线为裆长提供更多的空间；而挖裆是为前后裆部的深度提供更多的空间。

一种典型的楔形和挖裆的调整

由于大部分的裤子纸样，后裆没有挖深来为女性的骨盆结构提供足够的空间，经常出现裤子后中部水平对标线会下沉，下沉实际就是提供更多的空间来满足臀部的需求。下面是一个典型调整的例子，去纠正纸样上的错误。

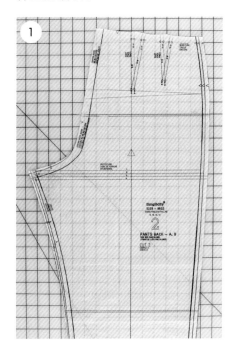

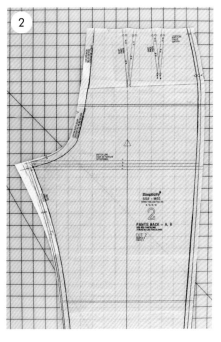

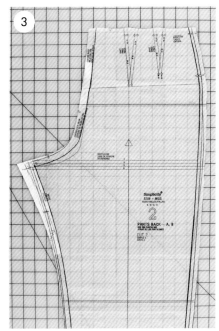

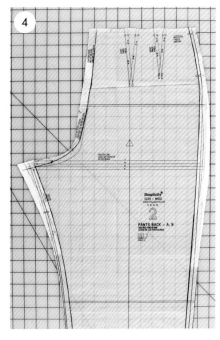

1 画两条调整线作为闭合楔形两条边，这可以将水平对标线提升到同一水平的位置。在这个例子中，楔形在后中提升了2cm，侧缝保持不变。

2 把闭合楔形收进的量增加到后内侧缝，这样保证整个裆的弧线长度不变。若在试穿时，内缝所需的量超过楔形收进的量，则再增加内侧缝，也就是让内侧缝继续往外延伸。

3 挖裆并画顺一条新的缝线。为了不减少裤子臀部的总宽度，在裤子后片的侧缝增加挖的量，从腰部画线一直顺到膝盖处。

4 完成纸样。

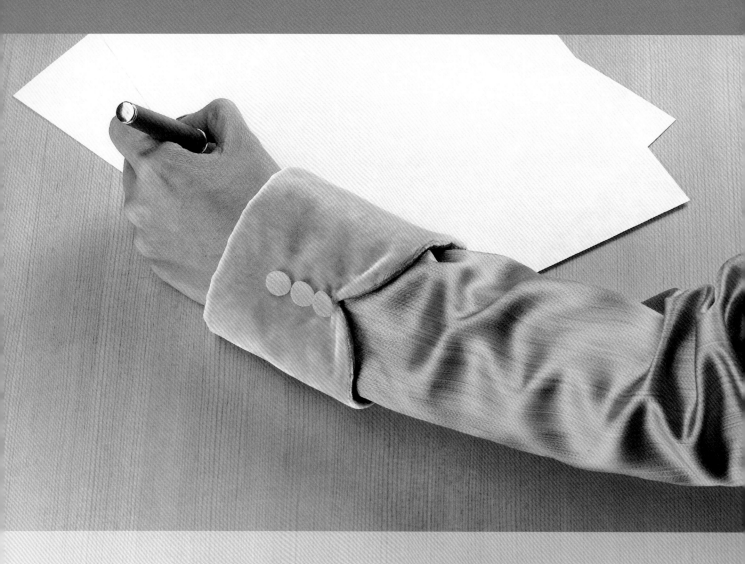

进入下一个阶段

　　调整纸样之后，在开始准备缝制前，还有一些重要的工作需要完成。现在已经完成了最重要的纸样部分，但是还有一些小部件需要调整，例如：裤腰、贴边等。服装的所有部件都调整结束后，这个纸样才能用来制作服装。在制作服装时，可以用不同的面料，这些面料可以有着不同的风格，纸样通过多种面料，不同的款式细节制作出新的服装，要相信每一件服装的合体性都是完美的。

改变对影响合体性因素的认识

在试穿样衣时，往往关注服装的主要部件，比如说：裙子的前片和后片。除了这些主要部件外，还有一些辅助的部件，例如一条裙子辅助样片是腰带（裤腰或裙腰）、里衬和腰口的贴边。对于上衣来说，是领圈的贴边、衣领和袖口。为了提高服装主要部位的合体性，做了一些调整，服装的辅助部位通常也要做出相应的调整。

腰带

直腰头

对一件带腰头的服装来说，无论用什么方法改变腰部的尺寸，腰头都需要调整。首先，决定服装的腰部是否需要缝缩量，也就是服装的腰部尺寸是否要比腰头大。整个前片腰部有较少的缝缩量，大概就是1～1.3cm，这样能够使裙子或者裤子在人体的腹部略显圆润饱满。当然，一些女性更喜欢裙身的腰部和腰头一样长，这可以根据个人的偏好来决定。

改变现有的腰头纸样，首先用腰头的纸样比对前片和后片的腰线长度，再根据需要加长或缩短腰头的长度。如果更喜欢束腰，腰头的长度与纸样上腰部的长度相等，就要减去已经加入到服装腰部的松量。或者，可以先设计一个让人感觉舒适的腰头，然后与纸样的腰线比对，再根据需要做适当的调整。

无论是哪种情况，在最后试穿样衣时或者在调整纸样时，加上一个腰头，都是一个好主意。

腰头的形状

有造型或者廓型的腰头，在用坯布试样时也应该带上腰头。因为腰头是服装中不可分割的一部分。在试样的过程中，确保接缝线的吻合，使腰头与服装的其他部件组合到一起。

贴边、挂面

因为在试穿过程中服装的外围长度经常会改变，故颈部、前片和腰部的贴边常常也需要调整。

调整贴边（挂面）的纸样

如果只是小的变化，只需要对贴边或者挂面做出与衣身相同的变化。例如，利用后领省来改善服装的合体度，就会导致领部贴边有以下变化：

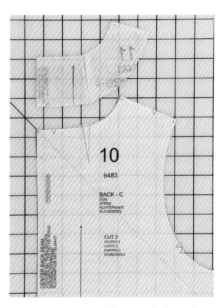

将后领贴边纸样放在后片的上方，并且在贴边上画出省道的位置。在贴边上不是需要一个省，而是一个折叠楔形来进行调整。沿着省边线剪开，拼合两省边线，用胶带固定好。图中是后片纸样和正确的领部贴边。

画一个新的贴边或挂面纸样

如果对纸样的主体进行了较大的修改，通常最简单的做法是画出一个新的贴边或挂面纸样。

要画一个贴边/挂面纸样，首先应该将画挂面的打版纸平铺在主体部件的样版上。在纸上描出样版的外围轮廓线，并将多余的纸剪掉。

然后决定要做的贴边或挂面的尺寸（宽度），也可以与最开始做的贴边的尺寸相同，如果觉得原来贴边或挂面的尺寸太宽或者太窄，那么可以改变贴边或挂面的尺寸。利用打版尺，测量并且标记贴边/挂面的新宽度的位置，用曲线尺画顺，沿着剪切线剪开。在第216页下面详细描写了如何一步一步地制作贴边和里子的纸样。

大多数情况下，贴边、挂面是像书中描述的这样，直接从样版中得来的。但是如果使用的面料十分厚重，这时候最好的做法是使贴边比面的尺寸小，这是因为考虑到面料的翻转和里外容量，服装的内层面料需要比外层面料稍微小一些。至于需要比外层面料小多少，这取决于服装的风格、面料的厚度和贴边面料的

厚度，一般来说，比面的尺寸稍小0.16～0.3cm是最合适的。

衣领

对于有衣领的服装，如果调整了衣身上的领口，就需要随之改变衣领的纸样。如果领口被大幅度修改，一定要重新做一个衣领的试样。因为衣领可能需要不断的调整，以保证达到预期衣领的造型。

修改衣领的目的是调整领口弧线的长度，使它与衣身上的领口弧线长度相同。要在相同的位置调整，这点很重要。例如，如果改变了衣身的后中，就需要在领子的后中缝处调整。如果服装的领口弧线是在肩线处做了改变，那么领子的领线也要在肩缝相交的位置进行修改。

要想准确定位领口的变化到衣领上，就要用衣领的下领口弧线和衣身的领口弧线进行拼合比对，从领口上没有变化的部位开始拼合比对。例如，如果仅仅是衣片的后中调整了，那么从样版的前中开始比对，在后中位置调整；如果衣片的前颈点降低，前下领口弧线也会随之改变，需要

从后中开始拼合比对，只在肩点和前中调整。

这两个例子讲了纸样调整模式的理论，这种理论可以帮助我们掌握对不同的领子进行调整的方法。

缩短后领弧线

1 在这个例子中，因为衣身后领口弧线上有省道，所以需要将领子的纸样缩短。将领子的纸样置于衣身纸样之上，在领子上分别标出省道线的两个端点。如果想要检查样版的正确性，继续沿领口比对，直到后中结束，如图1所示

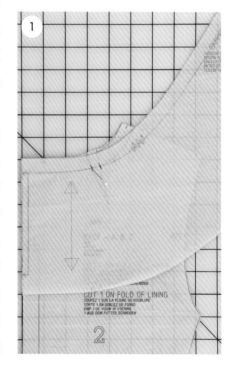

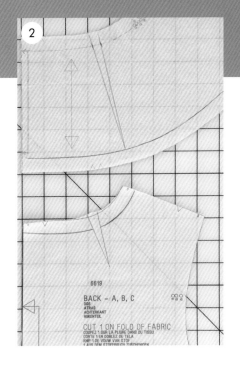

2 在领子的纸样上，用直尺在领子上过两个标记点，如图2所示，画出一个闭合的楔形。然后将衣领的楔形合并，修顺衣领的上下领线。

加长领口弧线

在这个实例中，前片的领口弧线被挖深，使得前领口弧线加长，需要加长衣领的下领口弧线。将领子置于衣身纸样之上，重合领口弧线，从领侧颈点开始沿着领口弧线进行比对，当到达领子的弧线末端时，用大头针将衣领和衣身固定在一起，如图所示。

应该注意，这种做法只是调整衣领的开始，之后还需要做一个衣领的试样，以便于更好地调整领子的形状。

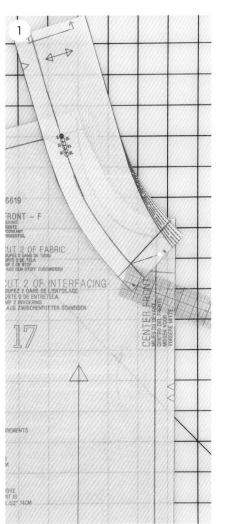

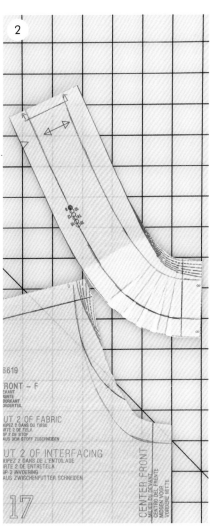

1 测量大头针固定点到前领口弧线中点的距离。这个距离就是领子需要加长的尺寸。领子的加长量可以通过切展来完成。

2 因为前片的领口弧线被挖深主要是靠近前中位置，所以也要在领子靠近前中的位置画几条切展线，对衣领进行调整，如图所示。将每条切展线都展开来增加领下口弧线的长度，多条切展线比一条切展线更好。切展线越多切展的效果越好，也就是上下领口弧线越圆顺。将切展线剪开，并将切展好的领子平铺在一张纸上。沿着剪开线将领子展开，直到领子上领口弧线的长度和衣身的相同，为防止位置移动，可以用大头针进行固定，将调整后的领子外边线画在纸上。最后，修正新的领口弧线，加上缝边，剪掉多余的纸。

衬里

通常情况下，里子纸样的调整和面的纸样一致。如果面的纸样存在大的调整，那么最简单的做法就是重新画一个里子的纸样。里子纸样是在服装纸样的基础上得来的，只需要修改两个地方：考虑到服装底摆余量（也就是里子不能外露），里子比面要短；里子不需要贴边这部分。对于大多数服装来说，更换面料不需要调整里子的尺寸，但是如果使用了厚重的面料，里子和挂面（贴边）要遵循如下的原则。

在下面的例子中，制作了裙子后片的里子纸样和贴边纸样，在此过程中阐述的理论可以应用于多种衬里的制作，也可以将此理论应用于其他纸样。

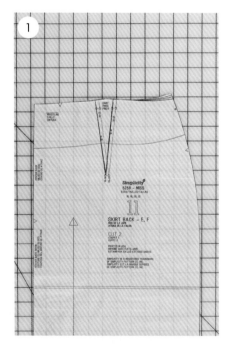 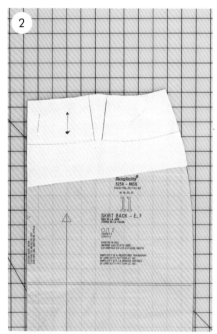 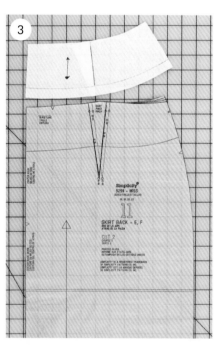

1 在裙子的样版上，在贴边和里子连接处画一条线。

2 为了完善贴边，在裙子样版上铺一张纸，并且用大头针固定。根据裙子的样版，画出腰围线周边的线条，包括侧缝、腰线和省道，并画出经纬向。

3 拔下大头针，沿着腰省的省边线剪开。剪开后拼合，加上缝边，并且剪去多余的纸。这就是贴边样版。

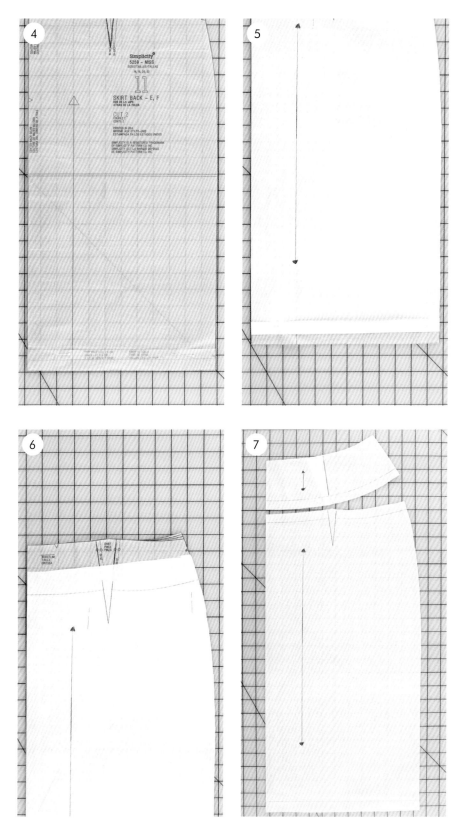

4 为了得到衬里的样版，把裙子纸样的底边向上水平折起，并用大头针固定。下面决定衬里底摆与面底摆之间的距离。在这个例子中，衬里比裙子短1.6cm。那么从纸样下边缘往上1.6cm画一条线，表示要完成的衬里的底摆线。

5 把纸铺在裙子样版的上方，用大头针固定。根据裙子纸样画出里子的后中和侧缝，并将多余的纸剪掉。然后决定衬里与样版底摆的距离，画出衬里的底摆线。把多余的纸剪去，使衬里的纸样和裙子面的纸样能够重合。

6 为了完成衬里纸样，以裙子纸样为依据，需要画出与贴边相交的缝合线、省道和布纹经纬向线。

7 去掉大头针，把贴边和里子的纸样沿着连接线拼合，验证省道的正确性，剪掉多余的纸。这就完成了贴边和衬里的纸样。

创意

对于许多服装制作者来说，提高他们的缝纫和制版技术，自然会提高他们的创造力，可以不再依赖于纸样公司提供的样版，而使商业纸样成为他们实现自己的想法、培养自己的设计风格的一个很好的起点。

创建一个令人满意的比例

令人满意的比例是合体性的一个方面，可以通过服装分割线，让试衣者穿着时感到满意。比例问题在整个试衣过程中被反复提到。以下是关于合体性的一些例子。

裙子的比例

1 这种直筒裙使得女性体型呈方形。

2 固定裙子侧缝，将裙子的底摆变窄，虽然收紧太多会更加凸显臀部，但是可以从视觉上拉长身材，让女性看起来更加有型。

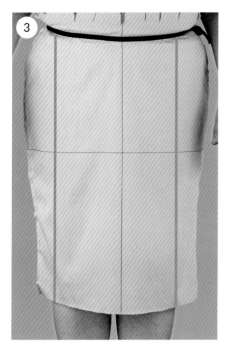
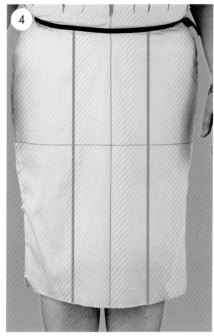
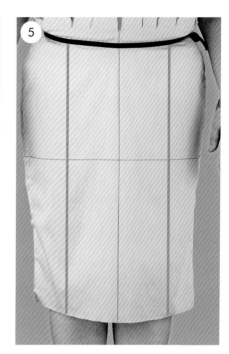

3 在裙子中应用公主线分割，也是从视觉上使人体的比例发生变化，这样可以避免前片是一大整片。然而，公主线的位置对服装的整体效果影响很大。在这个例子中，公主线的分割相距太远，这让人体看起来很宽。

4 若公主线之间的分割距离太近，会让臀部看起来较大。

5 在图3、4和5中，图5中公主线分割的位置在视觉上看起来更合适。

6 在裙子后片中也是如此，如果没有公主线的应用，女性的身材看起来很方正，在视觉效果上，会更加突出臀部。

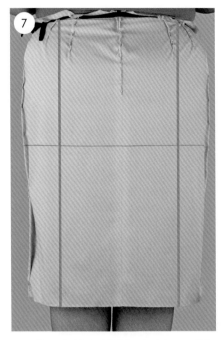

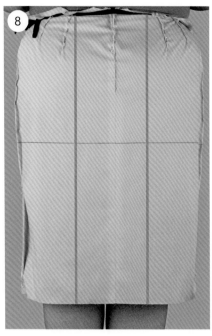

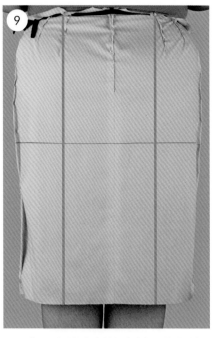

7 若公主线分割得距离太远，臀部看起来更大。

8 若公主线分割得太近，臀部看起来也很大。

9 此公主线分割的比例，使女性的后面看起来让人满意。

省道的替代形式

省道只是用来解决多余量出现的一种方法，活褶和碎褶都可以代替省道的作用。但是运用褶裥时，褶裥量要等于省量，才能保证样版的正确性和可使用性。我们经常看到省道运用在服装固定位置，而使用褶裥可以增加服装的创造性。

领型的变化

改变领子的外造型是很容易做到的，重要的是能融入到服装风格中。

中式立领

可以根据需要，将中式立领设计成低调的或者戏剧性的造型。所以，与其保持千篇一律的领子高度，不妨考虑一下做些改变，将领子的后面抬高，并稍微向前倾斜。还可以在领子前中处重叠或正好相对，或者在前中做出有趣的造型，并且领子的前中处造型可以是圆形的、方形的，或者设计成人们想要的各种形状。例如，可以设计一款变形的翼领造型。

向后折叠翼领部分的设计可以在纸上操作和试验来得到，这种是最简单的方法。剪掉领子和前中的缝头，用胶带将展开折翼的位置粘在纸上。尝试各种有趣角度进行切割，这种玩纸的方式让人感觉既轻松又有趣。

1 如图，试着找到一个合适的角度，将纸样的前中和上边缘一起折倒，这条折线将会是翼领的折叠线。按自己的想法画出一个翼的形状，在展开后，这是翼领的前一部分。沿着画的外轮廓线剪开，再进行评估。

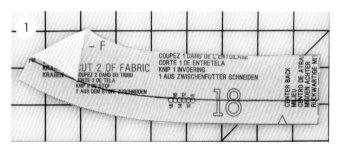

2 这是没有折叠的翼领的纸样，为了在衣领的前中和领上边缘增加缝头，完成纸样的制作。

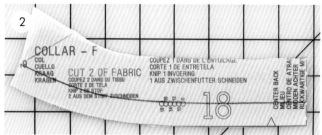

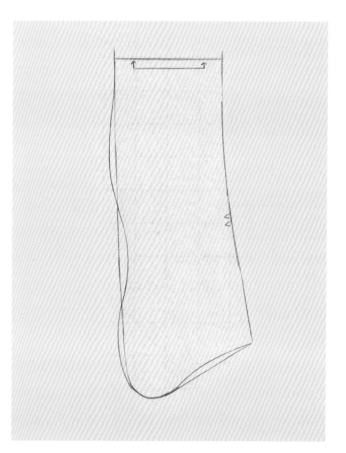

（A）波浪形衣领样版

翻领

翻领前面的角通常是尖的或者圆的，但是不仅能这样，翻领角的形状可以多种多样。将想象的翻领角的形状先在纸上画出来，这种做法比较简单。

做完之后，在第二张纸上描下来，在领子的外轮廓边沿留出足够的纸。让想象力充分发挥，看看能够想出什么样的曲线。曲线**A**，一个扇形的边，一个用按扣固定的折叠点，或者甚至可以做到多层的效果。

袖克夫和袖口边

为了使服装整体设计主题统一，袖克夫和袖口边也可以依据服装的某个设计元素进行设计。例如，如果领子的边缘是圆形的，就可以在袖口或者袖口边缘也画出类似于领子的圆形边缘。

袖口可以做成一个非常窄的袖口到可以覆盖大部分前臂的宽袖口。在本书中的第212页所展示的，纽扣能很好地凸显袖口或袖口边缘的细节。

根据想要的效果，袖口可以向上翻折或者向下加长。只要用一把尺子和一点想象力，很容易在袖口创造出有趣的形状。例如，袖口的重叠部分可以设计成方形或圆形，或者可以设计成一个漂亮的扇形。

虽然有时候人们不希望袖子的底摆引人注意，但袖子的边可以提供一个很好的设计机会。在设计袖子时，可以在人体的手腕处设计一个褶，用一个纽扣或者装饰纽扣将其固定。有时候解决一个问题

的同时，会使人想到其他设计的可能性。比如，如果有意放大袖子的边缘，可以使用一个或多个褶裥来控制多余的布料，从而为服装整体创造出不同的风格元素。

袖中缝分开的两片袖子，提供了极好的设计机会，不管袖子的长度是多少，都可以进行设计。可以利用中心缝作为设计目标，例如，做一个圆角或者外翻小三角的设计，就是类似于翼领的做法。

诸如此类的小细节往往能使一件衣服既好看又与众不同，而且这些细节可以起到点缀作用。通常情况下，合理有效的细节运用可以让一件衣服看起来更漂亮。当你具有将有趣的细节很好地融入到合体性样版中的能力的时候，这将能更好的提升你的创造力。

关于作者

作者为他的定制客户制作服装已经超过25年，莎拉擅长于调整服装的合体效果、版型的创新设计和高定服装的制作。他还是缝纫和设计协会的长期活跃成员和ASDP流体面料挑战赛的总冠军。他为 *THREADS* 杂志写了超过20篇的文章，还为许多其他出版物撰稿，包括在Patter Review.com上发表的1000条缝纫捷径和针织缝纫中的秘密。

莎拉致力于推广服装制作工艺，他在马里兰州的工作室里通过Patter Review.com进行授课，并在美国各地的场馆担任客座讲师。目前，他为缝纫爱好者和缝纫专业人士提供了试衣和制版教程，内容涉及针织面料、所有等级的缝纫技术和服装设计。

译者后记

服装是什么？是简单地包裹住身体？是为了展现一个人的体型？是为了彰显自我个性？

随着时代的更迭，它被赋予的意义也在发生着微妙的变化。但好与不好的差异，眼睛是不会骗人的。一件好的服装，穿在身上，应该要让着装者更具美感，更有自信，起到画龙点睛、加砖添瓦的作用。在整个制作过程中，设计、样版、面料三者缺一不可。而制作纸样是将设计转化为现实进行生产的一道工序，是连接设计和生产的桥梁。因为设计是抽象的构思，而纸样则是将抽象化的构想通过技术手段完美地表现出来。版型制作（制版）是将效果图转化为纸样样版的过程。合体版型修正则是在制作过程中必不可少的一步，直接影响着一件衣服的"神""形""韵"。好的版型不是一次性完成的，除了需要制版师拥有丰富的经验和一双发现问题的眼睛，还要知道如何通过修改调整解决这些问题。就像医生，知己而又知彼，既知病情，又知药方。那么，你就必须充分了解人体体型的变化和各个身体部位的相关性。对服装结构要有深入的了解，无论是从二维，还是三维的层面把控人体和衣服的关系。因为合体版型修正的过程并不是单一的过程，用牵一发而动全身来形容都不为过，需要全身得到平衡，要符合服装人体工学。无论是立体裁剪还是平面裁剪，合体修正都是必须的。世界上没有一模一样的身型，也没有身体左右两边完全相同的体型。它会因为遗传、生长发育、地域环境等因素，呈现不同的形态特征。针对不同的体型，必然需要试衣修改。那么合体版型修正就成为了一项专业而重要的技术能力，通过利用方法技巧解决衣身上的问题，达到合体平衡的效果。对于制版师来说，掌握这项技术无疑就拥有了治病的良方。经过他们巧手轻轻地点拨，就可以将有问题的部位修正合体。这是多么的神奇！多么的让人心神向往！

如何掌握制作方法就是制版学习中需要关注的重点。《服装这样做才合体——服装合体版型纸样修正》这本书可以帮助大家学习和借鉴。对服装专业学生来说，这是值得认真研读的工具书，对于服装爱好者，这是一本可以自学的手册。该书的作者莎拉·维布伦（Sarah Veblen）是专业的服装定制设计师，主要针对私人客户量体制衣。在她几十年的职业生涯中，着重教授（学）和撰写服装制作（缝纫工艺、合体版型修正、平面裁剪、立体裁剪等）的相关内容，致力于推广不同水平等级的制作方法，她擅长于对服装进行合体版型纸样修正、版型的创意设计和高级定制，并在服装制作与教学实践中积累了丰富而宝贵的经验，将其融入到案例的讲解学习中，用简单而易懂且直观的方式，对纸样修正和试衣修改中出现的细节问题进行了详尽的说明和补充。从基本概念到如何应用，循序渐进，逐步展开进行阐述，满足不同水平学习者的需要。同时，以裙装、女上衣、肩、袖、领等为例，将实践操作中出现的问题，以图文并茂、一一对应的方式做出详细而精准的讲解，也让大家充分了解对标线的重要性，学习如何运用它们进行试衣修改；理解不合身产生的问题和原因；学习怎样利用面料去解决普通和不寻常的问题；了解不同身型上所产生的问题等。本书分为三个部分，第一部分：基础纸样制作技巧，其中包括基础概念、基础版型变化、纸样修正方法等；第二部分：版型实例，试衣修改与纸样修正相对应进行说明；第三部分：辅助纸样的制作和样版创新。通过阅读本书，可以让你更好地理解试衣过程中，人体结构和纸样修正的关系。只有深入理解平面纸样的结构，才能在试衣修正和纸样修正时对两者做到相一致的修改。作者也在本书中添加了一些制作技巧和建议，帮助大家在学习过程中少走弯路。

为了更好地让大家了解学习完整的体系思路，掌握合体修正的方法，译者选择对《服装这样做才合体——服装合体版型纸样修正》进行翻译，让大家学习了解整体的制作流程。同时，在本书的翻译及校对过程中，得到西安工程大学的毛倩、王振洁、唐姗珊、张英莉、张晓丹、鲍正壮、河北美术学院的孙艳丽、河南科技职业大学的刘宝宝、商丘学院的王海红、佛山市南海区盐步职业技术学校的鲁丹丹，以及利兹大学的王奥斯等的鼎力支持，在此表示衷心的感谢。感谢每一位读者——也就是此时此刻手捧这本书的你，这是一本难得的工具书，具有很强的指导性和实用性。而你的潜心研习与融会贯通，将会使它的价值更加深远，相信该书会给你的学习以及工作提供很好的帮助。如若翻译有不尽如人意之处，敬请广大读者指正。最后祝愿我们的制版技术精益求精，从量达到质的飞跃。

细节决定成败，细节决定服装的品质。

风捷

2020年9月6日于西安工程大学